Alfred Charles Kinsey

最經典最有價值的性教

金賽性學報告
〈女性性行為篇〉

本報告搜集了近18,000個與人類性行為及性傾向有關的訪談案例，
其中男性約12,000人，女性約6,000人。主要對社會群體中各種類型的人進行調查，
並且將其劃分為如下對照組：

男性與女性 / 未婚者、再婚者與曾婚者
年齡層範圍3～90歲 / 不同的職業、受教育程度
都市、鄉村與城鄉混合地區的人 / 不同宗教信仰的人及無宗教信仰者

SEX

阿爾弗雷德‧查爾斯‧金賽 著

葉盈如 譯

金賽教授為性學所做的貢獻，如哥倫布為地理學所做的貢獻一樣偉大。
《金賽性學報告》的內容是如此寶貴，一個字也不容忽視和誤解。
——《時代》雜誌——
金賽教授以超脫的態度和精準的資料斬斷了桎梏，願他探尋真理的精神永不磨滅。
——《紐約時報》——

譯者序

1948年——

杜魯門絕地大翻盤，成功連任美國總統；

史達林封鎖柏林，釀成「第一次柏林危機」；

英國女王伊莉莎白二世喜獲麟兒，這就是後來的查爾斯王子；

聖雄甘地去世，此時距離印度獲得獨立還不到六個月……

不過，這一切都比不上同年出版的一份報告影響深遠——一位來自印第安納大學的教授發表一篇驚人的報告，題為《男性性行為》。後來，這篇報告和它的姐妹篇《女性性行為》一起，被稱作《金賽性學報告》。

這位教授的名字是——阿爾弗雷德·金賽！

1948年，「性革命之父」「美國的佛洛伊德」金賽博士首先出版《男性性行為》，一夜之間成為美國最知名的人士。

1953年又出版《女性性行為》，書中金賽分析人們的社會化過程以及人們所處的不同社會階層環境對於人們的性行為方式、性高潮頻率等性現象的重要作用。使大眾明瞭：約6000位受訪者中，有一半在她們結婚時已經不是處女，而25％的女性承認自己有婚外性行為。

這兩本書一出版就成為當時的超級暢銷書，一時之間洛陽紙貴、家喻戶曉，其影響直至如今。

金賽對於性學的研究是開創性的、先鋒的、拓寬式的。他的研究報告開創了現代性學研究的先河，為後來的相關研究和人們的思維觀念打開了新的通道。金賽教授還開創性地定義了多樣「深入訪談」的新標準！受訪者包括大學生、囚犯、白領、工人、家庭主婦、部長、妓女和精神病人等，他們每個人都分別在長達兩小時的面談中回答350至500個問題，這些問題涉及他們的性偏好和性經驗。

他的研究結果不止推展了同性戀和雙性戀課題的討論和進一步探索，也同時催化60～70年代的性解放運動，並且對後來的婦女解放女權、性教育和墮胎課題的論爭產生很大的影響。

至此，我們或者能稍微體會到迪金森的心情，這位在1933年出版《人類性解剖學》的性學先師，在聽到《男性性行為》在美國出版後，激動得淚流滿面地說：「終於來了，終於來了，這正是我一生夢寐以求的啊！」

隨著社會的進步，人們的性觀念雖然越來越開放，但是人們卻發現自己很難找到正確性教育的途徑和方法。有關性的種種問題，經常會出現在電視及廣播節目中，網路上更有數不清的探討「健康的性」的專欄。即使如此，大部分的資訊仍然十分膚淺，多半只著重在感官方面，或仰賴準確度可疑的資料，甚至受限於一兩個人的意見或經驗。

《金賽性學報告》有問卷受訪者直白坦言的大量第一手資料，這些資料觸及到男人和女人在性問題上各個領域的比較客觀真實的隱私情況，這是一般的研究工作所得不到的，它大大提高人們在認識人類的性乃至人類自身的眼界和水準，有很高的學術研究價值。

因此在今天，本書仍然是最重要、最有價值的性教育讀本之一，因為每個人都需要性的科學知識來認識和對待各種各樣的問題，諸如：如何評價婚姻中的性內容、如何對兒童和青少年進行性的引導、如何評價人們的婚前性行為、如何對他們進行性教育、如何對待那些與道德相衝突的性生活……想要科學地思考上述問題中的任何一個，首先需要瞭解人們的性行為實況，瞭解性行為與生物因素之間內在的關聯，本書則一一解答了這些問題。對於這些困擾人們的問題和煩惱，《金賽性學報告》不僅可以提供參考，而且還是一位相當權威的老師。

目錄

第一章

調查概述

　　我們首次進行人類性行為的研究是在15年前，當時我們在印第安納大學工作。我們研究的重點是探索真相，以便揭示人類性行為的實際情況，來尋找影響人類性行為的因素，探索性經歷如何影響人們的生活，以及它們的社會意義。接下來，我們把整個工作的第二個階段的研究概括成為您面前的這本書——我們第一階段研究的概括是《男性性行為》。

　　這本書研究了5940名白人女性，而《男性性行為》則以5300名白人男性為研究對象。金賽性學研究所的16位研究員經過15年的調查研究寫成這兩本書，他們之中有生物學家、臨床心理學家、人類學家、法學家、統計學家、語言學家。在研究過程中，我們還和其他專業的學者有過合作，包括生物學、生理學、心理學、醫學、精神病學、動物行為學、神經生理學、統計學、社會科學、罪犯教育學、婚姻諮詢、文學、美術等等。

　　從1938年7月開始，我們對男性和女性同時進行調查研究，因此我們可以比較研究兩性在性行為方面的不同。除了那5940名白人女性，我們還調查了屬於特殊群體的1849名女性，本書中沒有對這部分群體進行分析。雖然我們一直使用「人類」這個詞，但我們研究的只是人類這個物種的情況。

調查的歷史背景

　　1938年7月，金賽博士擔任美國印第安納大學的生物學教授一職。他的學生經常向他提問關於性的問題，為了給出科學的答案，金賽教授求助於醫學、生理學、精神病學、社會學等學科。但是他發現，相對於人類機體的任何一種功能，對人類性行為的研究知識實在是少得可憐。

　　由於性問題的研究總是受到各種各樣的限制，科學家們猶疑不決，不敢探索這個領域。普通人瞭解性的管道很少，他們從自己的個人經歷中去瞭解性，或者從有限的同伴或醫學手冊中瞭解。即使是臨床醫生，他們對人類性行為的瞭解也主要是根據自己的臨床經驗，並且他們也不知道，他們的病人在多大程度上代表了全體人類。靄理士和佛洛伊德是歐洲的性學先驅，但是他們的經典著作，對於那些沒有性障礙的常人並沒有什麼教益。

　　從1990到1920年，俄國學者首先進行普通人性行為的調查。1920到1930年間，很多其他學者，例如漢密爾頓、凱薩琳・大衛斯、蘭迪斯、迪金斯、特曼等人也進行這樣的研究。但是他們收集的案例不多，總數也達不到生物學家瞭解某個動物物種所必須的數量。

　　幸運的是，近20年來抽樣理論和統計學方法得到迅猛發展，並且應用於各個學科和各個社會領域。我們從中獲益良多，因此才能夠進行真正的性研究。

由於只有很少的機會觀察性行為，並且也需要長時間地記錄，所以我們只能依靠個人經歷的記錄來進行研究。顯而易見，我們的資料無法包括人類性行為的所有方面，尤其是一些與最親近的朋友都不會談的問題。還有一個問題，道德和成文法律（顯文化）和一般人的實際行為（隱文化）的差距很大，所以很少人願意冒著社會或法律的風險公開談論自己的性經歷。雖然有這樣的不利條件，我們仍然記錄了超過16000人的性經歷。在這個過程中，我們對所有記錄進行嚴格的保密，不評價調查者的任何行為，也不打算矯正別人的做法。

不過，首先要說明的是，我們最初進行研究的目的是對一個科學資訊極其有限的領域進行知識的擴充。但是隨著研究的進行，我們發現，我們得到的資料有著巨大的價值，可以用來研究社會中的某些問題。科學的本質，就是在已經有的知識上不斷增加其他有助於人們理解客觀世界的新資訊。當然，在剛開始的時候，人們對調查研究中發現的一些很重要的資訊並不重視，表面上這些資訊沒有任何實用價值。

另一方面，如果人們認為某些研究可以解決緊迫問題，就會產生很多急功近利的需求，這就限制了探索者的研究，使得他們沒有時間去揭示該問題的本質。例如，在人類性行為領域，有人一直想盡快解決婚內性生活的協調問題，但是他們並沒有獲得期望的結果。因為他們沒有科學地瞭解性反應的生理學基礎知識，也沒有瞭解男性和女性在性反應方面的心理差異。再舉一個例子，我們知道，由於人們強制地劃分道德和不道德的界限，才產生變態的性方面的法律，這些法律既不現實，也沒有執行力，更不能使社會機構提供他們應該提供的保護。我們不能求助於臨床實踐，也不能求助於法律，因為這些機構提供給我們的是人類性行為的動物淵源、

性反應的生物學和生理學、其他人類文化中的性模式和形成兒童和青春期青少年性行為模式的因素。同時，如果立法者和公共輿論不給探索者足夠的時間去揭示問題的本質，問題還是沒辦法完全解決。

此外，有些科學家的研究態度是不正確的。只有當某個領域出現實用價值之後，他們才願意繼續研究。這種態度是不現實的，因為他們企圖在知識存在之前就先獲取它。雖然我們收集的資料可能有利於理解人類的某些問題，我們歡迎任何應用這些資料的機會，但是這不是我們的最初的目標，我們不允許任何直接的應用目標來限制我們從事的調查研究。

人們有權知道這一切

　　科學家有權利調查包括人們性行為在內的任何問題。這屬於學術自由，是一個社會準則，也是美國任何領域中的學者都一致要求的準則。它沒有違背言論自由，並且我們每個人都認為，言論自由是構成美國生活方式的基礎之一。顯然，每一項權利都有相應的義務，對科學家來說，義務就是誠實地調查、觀察與記錄，盡可能運用最先進的方法，盡可能長期和充分地認識一切有關的事物，以便瞭解它們的基本狀況。

　　除此之外，科學家還有一項任務——必須向一切可以使用其資料的人公布調查結果，因為我們認為科學家之所以有權利大量調查個人，是因為他們承擔了相應的義務。如果一個科學家沒有對可能獲益的大眾公布自己的發現，他就否認自己調查權的來源，這種行為也極大地損害所有科學家在所有領域的調查權。

　　由於有更多的個人關注人類生物學中的性行為，所以調查這個方面的科學家更有特殊的義務向大眾公布自己的發現。大多數男性和女性、青少年，甚至前青春期的兒童，都面臨著一些性問題，更多的性知識可以幫助他們解決這些問題。如果我們僅僅把性知識局限在受過專業訓練的人裡面，就無法服務於數以百萬計的、真正需要這些知識來指導自己日常生活的大眾。我們認為，這正是數以千計的普通公民積極配合我們完成這個調查的根本原因。基於同樣的原因，雖然醫學出版社出版我們的第一本書

《男性性行為》，很多讀者說這本書很枯燥，但是也有許多認為自己有權獲得性知識的人很喜歡這本書，甚至這本書成為很多讀者思想的一部分。這種狀況不僅出現在美國，還出現在全球的許多國家。

婚內性生活的協調問題是大眾需要性知識的最迫切因素。已婚人士中，沒有幾個人不承認自己需要更多的知識來解決自己的婚內性生活問題，即使只是偶爾的需要。在《男性性行為》一書中，我們證明一個道理：婚姻維持的關鍵是維持它的決心有多大。美好的性生活不一定產生美滿的婚姻，但是如果性生活不美好，夫妻之間的爭鬥一定不僅發生在閨房之中，還出現在婚姻的其他各個方面。

我們的調查資料顯示，至少在某些時期，三分之二的婚姻都有過嚴重的性生活不和諧問題，四分之三的離婚原因之一是性生活不和諧。在我們的生活中，長期性生活不和諧的也相當多。

有人擔心，對性進行科學的探索不利於現在的婚姻制度；還有一些人指責我們的研究，那是因為他們害怕科學會打破他們心中長久存在的神話，而這些神話正被他們拿來取代現實。但是，更多的人相信我們，他們以為傳播我們調查的性知識有利於婚姻的美滿。

人們需要更多性知識的另一個例子是未婚青年的性問題，而這個問題的產生，則是因為人類男女的性成熟，要比社會習俗或成文法律承認的早好幾年。另一個原因是，我們都相信，法律承認的成人年齡，尤其是准許結婚的年齡，是人類性能力達到頂峰的分界線。

大多數人認為，青少年應該對自己的性反應持否定態度，在法定婚齡前，禁止一切性活動。但是法律或社會習俗既不能推遲青春期開始的年齡，也不能阻止青春期少年性能力的發展。最終的結果是，大多數的未婚

男性及少數的未婚女性都對這個問題特別感興趣，那就是：如何解決自己的生理能力和法律社會的規定之間的衝突。他們還想知道很多的性知識，包括那些成人都忽視的性知識。在性問題上，大多數青少年都考慮了社會和道德的約束，但是他們也想知道科學的關於性的知識。

在過去30年中，越來越多的父母認識到對小孩進行早期的性教育是非常有意義的。但是我們要知道，對兒童進行性教育的理論太多，資料太少。因此我們多年來一直在關注調查人們首次獲得性知識的年齡，性知識涉及的方面及獲得的來源，人們首次發生性活動的年齡及性活動的類型。現在我們可以更詳細地研究較小的兒童，尤其是2~5歲的孩子。很多父母很關心教育子女的方法，他們對我們的調查很配合，因為他們瞭解我們打算建立的性教育的科學體系是那樣地缺乏基礎資料。

社會必須保護自己的成員不受性犯罪之害，各種社會機構對如何控制人們的性行為很感興趣，這是人們需要更多性知識的又一個例子。為此，我們調查了近些年性犯罪發生率的增長，究竟哪些人是性犯罪者（我們調查了1300名已定罪的性罪犯）；目前性法律究竟產生怎樣的效果；社會機構應該怎樣保護公民個人。

樣本的情況

　　在15年的時間裡，我們調查7789個女性，8603個男性，共計16392個人的性經歷。其中，女性群體裡的特殊群體成員——915個服刑女犯，934個黑人女性，書中沒有分析她們的情況。這樣一來，書中只包括了1950年1月1日以前調查的個人，因此這本書分析的樣本總量是5940個沒有犯罪的白人女性。

　　從年齡分布上看，我們調查的女性年齡分布是12～90歲，其中16～50歲之間的人最多，其中人數最多的兩個年齡段是16～20歲（1840人）和21～25歲（1211人）。

　　在受教育程度方面，17％為高中學歷，56％為大學學歷，19％為研究生學歷。國中學歷的只有181人，但是白人女罪犯和黑人女性此類人較多。因此，我們使用高中以下學歷這一組，外加555名白人女性和293名黑人女性，這樣就能更全面地反映受教育程度對人們性行為的影響了。

　　在婚姻狀況方面，從來沒有結婚的佔58.2％，在婚者佔41.8％，曾婚者（被調查時寡居、分居或已離婚者）佔13.2％。

　　在宗教信仰方面，被調查者可以分成三類：虔誠的教徒、較積極的教徒和消極的教徒。新教徒佔總數的60％，天主教徒佔12％，猶太教徒佔28％。

　　在父母職業等級方面，出身於體力勞動者群體的佔17％，出身於熟練

工人群體的佔14％，出身於白領下層群體的佔26％，出身於白領上層群體及更高的佔47％。

在被調查者的職業等級方面，體力勞動者佔9％，熟練工人佔3％，白領下層佔39％，白領上層及更高佔59％。

在城鄉背景方面，在城市生長的女性佔到了90％。

在出生日期方面，我們以十年為一組，7.7％的人出生於1900年之前，13.2％的人出生於1900～1909年之間，22.7％的人出生於1910～1919年之間，51.8％的人出生於1920～1929年之間，4.6％的人出生於1930年之後。

在青春期初始年齡方面，20.3％的人是11歲之前，28.4％的人是12歲，29.5％的人是13歲，13.4％的人是14歲，5.9％的人是在15歲之後。需要注意的是，我們在《男性性行為》一書中講過，青春期開始的早晚對男性的性行為模式影響很大，但是對女性的影響卻沒那麼顯著。

在調查的地理分布方面，69％的被調查者可以涵蓋美國的10個州，這10個州佔美國總人口的47％。

我們的調查包括很多社會群體：軍人、藝術家、官員、教士、技術人員、病人、醫生、社會福利工作者、大學教師、職員和學生、司法人員、編輯和記者、工人、中學生、家庭婦女、單身母親、護士、女犯、演員。如果僅計算這些女性的職業，一共有224種。她們丈夫的職業則共有312種。

我們的樣本總數是5940，但由於一些原因，在本書的一些統計資料中，基數常小於這個數，其原因主要有6個：

1. 有些問題並不適合所有的被調查者，例如婚內性交對未婚女性就沒有意義。

2. 我們無法對有些行為定性歸類。例如，我們無法判斷特定情況下觸及生殖器是手淫還是非性活動。還有一些行為，當事者無法得知有沒有性喚起。

3. 在調查的時候，我們沒有向被調查者提問所有問題。在剛剛做調查的前兩年，大約有20％的問題沒有提問。

4. 某些問題是被調查者拒絕回答的，但這只是少數，14年中，只有6個人拒絕回答。

5. 調查者在剛使用新調查法時，有一些失誤，沒有獲得相應的資訊。

6. 記錄上的失誤或漏記。

本書中涉及了各種職業，它們的等級定義如下：

1級——社會底層，這些人的收入主要來自於各種不正當活動；

2級——非熟練工人，這些人從事體力勞動，不需要特殊訓練，按小時拿報酬；

3級——半熟練工人，這些人需要一些基礎訓練，從事一些稍微有技術的工作，也是按小時拿報酬；

4級——熟練工人，這些人需要受訓練，從事精細勞動，還需要有工作經驗；

5級——白領下層，這些人從事小型商業活動，或者是當祕書，主要從事非體力勞動，他們必須有一定的教育程度；

6級——白領上層，這些人有更多的責任，更多的從事管理職位；

7級——專業人員，這些人從事的工作，要求必須受過大學以上的專門教育；

8級——這些人靠財產或家庭背景佔據特殊高級職務，是上流社會的人。

資料的來源

我們的調查率先採用直接面談調查法，我們面談最多的有四個人：金賽、普默洛伊、馬丁、格布哈德。此外，我們還收集其他的資料，用做證明或參考物。

日曆

共有377人（312個女性，65個男性）提供給我們他們自己的性日曆，日曆上記載了他們從事性活動的類型和日期。女性的日曆大都和月經週期有關。這些日曆持續時間長短不定，短的有6個月的，也有長達38年的。靄理士在1910年首先宣導了建立性日曆的做法。因為女性想利用安全期避孕，所以性日曆多數是由女性開始建立並加以記錄的。受過科學教育的人理解這些記錄的意義，所以他們也建立了許多性日曆。

日記

寫性活動日記，那是因為有人想留下更詳盡的記載。這些日記有的是間斷的，有的是每天都記載，還有一些隨筆之類的。性日記經常有很多細節的描述，例如：當時的情景和技巧，對性夥伴的描述，討論對性的態度，以及社會是怎麼看待他們性活動的等。塞繆爾・佩皮斯在1659～1669期間記錄的日記是最早的性日記。

通信

我們也收集到許多配偶或性夥伴這個方面的信件，除了記錄實際的性接觸之外，有些還經常描述充滿激情的場景，其中有些真的很有文采。不過，即使沒有文采，這些作品也能使我們知道寫信人對性的態度。

色情虛構作品

許多人，特別是那些文字水準高的人，為了滿足自己的性興趣，就創造出一些虛構的色情文藝作品。我們也收集許多這個方面的資料。這些作品有一個特點，就是它們都強調性活動中的某些特殊細節。有些被調查者在我們面談調查時有一些難以啟齒的特殊癖好和想法，但是在色情虛構作品中，他們的想法都會表露無遺。這對我們的調查很有益處。色情虛構作品一般都是男性寫的，不過也有一些女性創作的。

剪貼簿與相冊

許多人把自己感興趣的性資料剪貼成相冊。他們從很多管道收集這類資料，例如報刊文章、照片或圖畫、從春宮照片商人那裡購買，或者是朋友贈送或提供的。也有不少人給自己的性夥伴拍照，收集與性夥伴有關的物品，監獄當局、處理性案件的司法人員向我們提供了很多此類物品，包括美術作品和其他物品。男性這個方面的作品比女性多，但女性創造的這類作品格外有研究價值。

藝術品

我們用了好幾年的時間調查藝術家們的性經歷，以及性經歷與他們作品之間的關係，為的是搞清楚性因素到底是如何影響世界美術發展史的。

藝術家們很支持我們的工作，他們全部慷慨地提供自己的作品，至今我們總共收到約16000件。

　　相對於一般照片，藝術家的繪畫或其他作品提供的資訊更多。這些作品中經常會強調特殊的主題，會誇張身體的某些特殊部位，會注意安排整體的表現，會選用獨特的描繪對象和創作資料，這些實際上是藝術家在表達自己的獨特興趣。

廁所文藝

　　自從古希臘羅馬時代，人們就喜歡在某些特殊的牆壁上塗寫或繪製性語言或性器官或性行為。這可能是作者想表達自己的性欲，但是其他地方都不允許表達。從這些廁所文化中，人類學、民族學、心理學、精神病學和社會科學的研究都獲得大量的資訊。自從1906年，就有專門研究廁所文化的學術作品了。在1910年的時候，庫斯博士收集並出版當時流行的性笑話和性諺語，但是司法當局起訴他出版淫穢和色情讀物。但是，佛洛伊德認為這項研究很有價值，還專門寫信給他，堅決支持庫斯博士的工作。廁所文化其實最能反映男女之間性心理上的差異。

其他性資料

　　任何關於性的資料，都能提供資訊，以便人們瞭解作者的性興趣，或者傳播性知識。整個文化的性態度，更多地是透過那些公開發表的色情繪畫、油畫與雕塑，而不是那些相對隱蔽的藝術作品表現出來的。我們舉幾個例子：古羅馬誇張的性美術，印度色情藝術更有激情和宗教色彩；日本古代藝術則偏向於表現浪漫主義的性觀念；古希臘晚期的藝術表現的是唯美主義性行為。這些都給我們提供了很好的資訊，用以研究這些社會的性

道德和性態度。從1823年開始，就有學者一直做這個方面的工作。

任何一種科學都把觀察作為自己最基礎的資訊來源，但是在我們的這個研究領域中，很多資料都是二手的，是參與過性活動的人告訴我們而獲得的。顯而易見，任何人都無法觀察其他任何人的性行為，更不要說需要觀察數小時或數年了。因此，在我們的這個研究中，調查記錄提供的資訊遠遠大於觀察研究提供的資訊。但是我們觀察了哺乳動物的性活動，和人類的性社會關係，這些對資料也是很重要的補充。

首先，我們在社區研究中運用觀察法。我們觀察了人們在一些地方所從事的性方面的社會交往，這些地方包括旅館、街角、舞會、大學夏令營、游泳池、海濱浴場等。從1929年開始，就有一些學者在搞研究社區了，但是沒有人研究這個方面的性行為。我們去被調查者家裡做客，結識他們的朋友，跟他們一起去他們常去的旅館、夜總會、劇院、音樂會及其他許多地方，透過這些方式，我們觀察人們是如何交往的，以及人們如何尋找自己的性夥伴。

其次，我們還進行臨床研究。許多醫生支持我們的工作，允許我們在他們臨床實踐時在旁邊觀察。我們還得到許多其他人的協助，例如司法人員、社會福利和公共衛生工作人員、婚姻諮詢專家等，他們為我們的研究提供了很多特殊個例，對我們的研究是有益的。

我們還和世界上某些其他民族的性行為進行比較，這屬於人類學比較。我們還研究了美國18個州的性法律和約1300名男女性罪犯，以便瞭解美國性法律的英國根源和歐洲根源。我們參考並引用了很多這個方面的學術著作，大約有31種研究美國性問題的學術著作和16種研究歐洲和日本性問題的著作。我們認為下列學者的研究比較出色，蘭迪斯、布朗利與布里

頓、迪金斯、凱薩琳‧大衛斯、漢密爾頓，我們還拿我們的資料與他們的進行比較。

　　我們還收集和參考了15038本其他著作和其他形式的資料，計有：藝術品1934件、人類學類250件；生物學與醫學類1326件；古典文學類413件；舞蹈類86件；各種性愛手抄本和圖畫3672件；一般文學類667件；伊斯蘭與近東文學類116件；裸體主義資料151件；東方文學類271件；實物文化類182件；詩歌類1138件；娼妓類239件；心理學與精神病學類1210件；宗教與性象徵作品455件；施虐與受虐類597件；社會史與統計資料類385件；性病類115件；女性與愛情類342件；字典類72件。

有人擔心，對性進行科學的探索不利於現在的婚姻制度；還有一些人指責我們的研究，那是因為他們害怕科學會打破他們心中長久存在的神話，而這些神話正被他們拿來取代現實。

第二章

前青春期的性發育

　　一個人如何從事性行為取決於很多因素，比如他或她受到的刺激的狀況，他或她對這種刺激作出反應的身心能力，以及他或她以前受到相似刺激時產生何種與多少經驗。

　　嬰兒在未出生之前，就已經可以感受到某些刺激，例如觸摸、壓力、溫度、光亮，以及其他物理變化和生理刺激。這裡我們不對嬰兒性反應和其他反應加以區別，我們先來闡述一下我們一貫使用的術語的定義：

　　性高潮（orgasm）

　　性反應會引起身體上許多生理變化。這個過程會造成一種神經—肌肉的緊張，當這種緊張達到頂點狀態時，就會出現瞬間解除緊張的狀況，然後身體就恢復到原有的一般生理狀態。這種神經—肌肉突然解除緊張的現象，就是我們所說的性高潮（orgasm）。性高潮與動物生活中發生的其他任何現象都不相同，因為它可以用來判斷一個人性反應能力。

性交合（coitus）

男女生殖器直接插入進行交合。人們常用性交（intercourse）來稱呼性交合，但兩者是有區別的。性交可以指口與生殖器的交合（口交）、肛門與生殖器的交合（肛交）、同性性交合等。在日常用語中，intercourse又經常與完全沒有性含義的社會交往混淆。但是在我們的研究中，將嚴格地區別使用性交合、性交、性交往這三個術語。

前青春期的性反應和性高潮

從誕生那天起，人類就具有感受刺激並產生性反應所需要的一切生理構造和神經系統，也就是說嬰兒有可能產生與成年人一樣的性反應，女性也是如此。我們調查得知，從1902年到1950年的48年間，一共有13位作者的16部著作論述了正常女童的性反應。從1923年到1949年的26年間，一共有11位作者的9部著作統計了女性在前青春期內產生過性喚起的比例，其中包括俄國女性。結果顯示性喚起的發生率少則5％，多達77％。但是這些著作有一個缺點，它們的樣本量過少，最少的只有31人。凱薩琳・大衛斯的樣本最多，一共有2000名女性，其中46％的人說自己在14歲之前產生過「性感覺」，但是這個說法過於籠統。下面介紹一下我們的調查結果：

前青春期性反應的發生率

根據我們的調查，在3歲時曾對肉體刺激產生過性反應的女性約有1％。當然，這個資料是偏低的，因為很多人在兒時不認為自己的生理反應是性反應，所以回憶起來就不會有過性反應的經歷。

到5歲的時候，約有4％的女性有過性反應。這樣加起來，約有27％的女性在青春期之前曾有過性喚起。不過，這個資料也是比實際情況偏低。

前青春期性高潮的實際情況

女童，甚至是女嬰，如果有過前青春期的性反應，也會出現性高潮。

小女孩中最普遍、最常見的一種現象是「手淫」（自我刺激），這樣就經常會引發性高潮。

有一位母親經常觀察到自己3歲女兒的自我刺激，她描述說：「我女兒臉朝下趴在床上，兩個膝蓋跪起來，並且非常有節奏地間隔一秒或更少地挺伸骨盆。她的腿不動，主要就是挺動骨盆。在她的雙膝之間、小腹之下壓著一個小洋娃娃。每當外陰觸到洋娃娃時，她就停頓一下。每次重新開始挺動骨盆時，她都會顫抖痙攣。她先挺動44次，停頓一下，再接著挺動87次，又停頓一下，再挺動10次，然後就不動了。達到性高潮的時候，她精神集中，顯得有些緊張，呼吸很急促，並有所間斷。這樣的時候，她無視周圍的一切，眼神呆滯，凝視著一個我們看不到的目標。性高潮之後，她就有很明顯的解脫和鬆弛。兩分鐘之後，她又開始新一輪的動作，這回是48次，18次，57次，和之前一樣，中間也是有短暫的停頓。隨著她越來越緊張，她的喘息聲都可以聽到。但是骨盆停止挺動之後，馬上就是完全的鬆弛，隨後就是任意伸展身體。」

此外，還有其他人觀察了4歲以下的7個女孩和27個男孩的性高潮，我們對此都有所記載，說明性高潮在一些兒童中確實是存在的。

前青春期性高潮的發生率

在我們的調查中，約有14%的女性在前青春期達到過性高潮，大約是有前青春期性反應的女性的一半。她們不止是透過自我刺激達到性高潮，還有的是透過與其他兒童或更年長的人的性接觸來達到高潮。

我們在調查中發現，在前青春期性高潮中，發生在1歲以下的有4個；3歲以下的有23個；16個發生在3歲的時候，比例為0.3%；5歲時為2%；7歲

時為4％；11歲時為9％；13歲時為14％。

性喚起和性高潮的來源

3歲之前有過嚴格意義上的自我刺激的女性累計有1％，到10歲的時候已經達到13％。0.3％的女性在3歲之前就透過自我刺激達到性高潮，到10歲時，這個比例增至8％。

到11歲時，累計有3％的女性透過與其他女孩的心理反應或肉體接觸產生性喚起，到13歲時，這個比例達6％。

到3歲時，累計有1％的女性透過與男孩的心理反應或肉體接觸而產生性喚起，但是到11歲，這個比例變為7％，到13歲就有12％。

在659名有過前青春期性高潮女性裡面，透過自我刺激達到高潮的佔86％，透過與其他女性性接觸的約佔7％，透過親暱式愛撫的約佔2％，透過與男孩或年長的男性性交合的方式的佔1％。比較有意思的是，2％的女性是透過與狗或貓的肉體接觸而達到她們首次性高潮的，還有約2％透過爬繩子等其他方式。

女童直接自我手刺激的最常見方式是，透過用手指刺激外生殖器，尤其是陰蒂。第二種常見方式就是上文所描述的爬跪動臀，利用玩具、床、被褥或其他什麼東西摩擦外生殖器。有的女童因為缺乏體能，所以透過這樣的方式無法達到性高潮，但更多的女童是因為沒有發現自我手刺激所需要的動作技巧。這也是必須先學習人類的性行為才能從事它的原因之一。

男孩的自我刺激技巧大多是從其他人那裡學來的，而女性絕大多數是自己獨立發現的，不管是青春期之前還是之後。

異性之間的性遊戲

30％的女性在前青春期有過異性性遊戲，33％的有過同性性遊戲，48％的有過任何一種性遊戲，上述數字顯示，全體女性中只有過異性性遊戲的佔15％，只有過同性性遊戲的佔18％，兩種性遊戲都有的佔15％。一些學者在我們之前就研究過這個問題，凱薩琳‧大衛斯研究的結果是25％（1000名已婚女性中）；蘭迪斯研究的結果是36％（109名單身女性中）和20％（44名已婚女性中）。前面已經給出了我們的調查結果，下面做一下具體分析。

異性性遊戲發生率

從上面的資料可以看出，只有過異性性遊戲的女性和只有過同性性遊戲的女性數量大體相等。佛洛伊德認為，兒童首先是自戀（對自己感興趣），然後是對與自己相似的人感興趣（同性興趣），最後是對與自己身體不同的人感興趣（異性興趣）。但是無論是對男性還是女性，我們的調查都沒有發現這樣的情況和規律。這說明佛洛伊德的性心理發育理論是有偏差的。

父母與我們整個社會體系不支持異性兒童之間的交往，所以52％的女性在童年的時候，女性同伴多於男性同伴，33％女性的男性同伴和女性同伴大體相等，15％女性的男性同伴多於女性同伴。

到3歲時和男孩玩過性遊戲的女性累計到1％，到5歲時，這個比例是8％，7歲是18％，到青春期的時候就達到30％了。

　　受教育的程度會影響性遊戲的發生率：24％的女性是高中程度，30％的女性是大學程度，36％的女性是研究生程度。

　　性遊戲的發生率在過去30年提高了：1910～1919年出生的女性的性遊戲發生率，比1900年之前出生的女性高約10％。

　　但是，從青春期內各年齡段來看，發生率是下降的。8％的女性在5～7歲的時候和異性有性遊戲，但是年齡大一點之後，這個比例下降了，接近青春期的時候這個比例只有3％。但是，男性卻與此相反，他們的發生率隨著年齡的增大而變高，接近青春期的時候，發生率高達20％。其中原因是，越到青春期，女孩所受到的種種阻礙和禁規就越多，但是男性是相反的。因此，在青春期開始的時候，女孩的性能力不像男孩那樣突然增強很多。接近青春期的時候，男孩中有過異性性遊戲的人數遠遠高於女孩中有過異性性遊戲的，所以顯而易見，那時的女孩和多個男孩有過性遊戲，或者是，男孩經常對同一女孩做群體性遊戲，例如展示生殖器和異性性接觸。

　　對一些年齡較小的兒童來說，他們不理解也不注意性遊戲中的性意義。在美國，最常見的性遊戲是扮演「爸爸和媽媽」，和扮演「醫生看病」，甚至有的小男孩趴在小女孩身上，模仿性交合的動作。他們都沒有想到生殖器可以交合，也沒想到這樣的做法可以產生性方面的樂趣。

　　並且女童中有過異性性遊戲的頻率很低，大多數女童僅有一次異性性遊戲，少數人有過幾次，那種有過經常性、規律的異性性遊戲的女童就更少了。

女童性遊戲的持續時間也很短，有過異性性遊戲的女童67％是在一年之內，15％是在兩年之內，只有11％的達到或超過5年。同樣，有過實際性交合的女童61％的持續時間在一年之內，13％的人在兩年之內，只有9％的人達到或超過5年。

性遊戲的形式

在所有異性性遊戲中，女孩展示自己的生殖器的佔99％，其中，有近40％是男孩女孩一同展示。

大多數的兒童對異性身體很感興趣。因為出於種種原因，我們禁止兒童裸露自己的身體，也沒有機會看到其他兒童的裸體，更別提自己或其他兒童的生殖器了，所以這就強化了展示生殖器帶來的特殊刺激。其實，本來生殖器就是一種身體構造，兒童展示生殖器並加以比較是和他們用同樣的方式比較其他身體器官一樣，例如手、鼻子、嘴、頭髮、衣服或任何其他他們所擁有的東西。如果沒有性的神祕、戒律和社會的態度，這類性遊戲所帶來的性意義絕對不會像現在這麼大，不會這樣經常地顯示出來。

相反，有的家庭允許他們的成員裸體，或者有些女孩上護理學校或參加過夏令營。在這些地方，前青春期的男孩和女孩使用共同的廁所，隨意洗澡，也可以赤身一起玩遊戲。這些孩子也對其他孩子的身體感興趣，但是他們很快就把裸體當作一種司空見慣的平凡現象來看待，跟那些把裸體看作不同尋常的孩子不同，他們對裸體不會產生什麼激動的反應。

儘管我們的社會和文化千方百計掩蓋男女身體的差異，但是在我們的調查中，60％的成年女性承認她們首次看見男性的生殖器是在2～5歲之間，24％的女性是在5～11歲之間，到青春期的時候，約有90％的女性都看

到過男性的生殖器。

　　約有37％的女童在前青春期內就見過成年男性的生殖器；從青春期到20歲之前，見過的女性增加了三分之一。她們看到的成年男性包括自己的父親（46％）、偶然裸露的非父親的男性（19％）、有意裸露的成年男性（22％）、非父親的親戚（9％）、正在愛撫或性交合的男性（2％）、上述情況的混合（2％）。父母受教育的程度越高，他們的家庭更能接受親人的裸體，所以這種家庭的女童見過成年男性生殖器的機率越高。

　　在所有玩過任何一種異性性遊戲的女性中，用手撫弄生殖器的約佔52％，口與生殖器接觸的佔2％，插入陰道（主要是用手指）的佔3％，某種形式的「性交合」佔17％，但我們很難弄清楚其中有多少是嚴格意義上的雙方生殖器插入式的性交合。顯然，有些非常小的男孩也可以勃起，所以明顯存在插入式的性交合，但是女童的陰道很小，插入深度是有限度的。很多兒童所說的「性交合」，不過是雙方生殖器的抵觸而已。但另一方面，我們也發現29％的青春期女性與較大的男青年或成年男性發生過嚴格意義上的完全的生殖器交合。

　　前青春期的同性性遊戲和異性性遊戲大體相等，雖然同性性遊戲並非總是具有特殊的性意義，但很多女童正是由此才學會自我刺激的。只有5％玩過同性性遊戲的女童，持續到青春期之後，轉變成成熟女性之間的同性性行為。

　　累計發生率

　　不足1％的女性在3歲左右玩過同性性遊戲，這個比例到5歲時累積為大約6％，到7歲的時候為15％，然後累計發生率持續上升，到青春期開始的

時候已經佔到33％了。

各年齡的發生率

發生在2～3歲之間的不足1％，5歲那年是6％，9歲那年是9％。與異性性遊戲各年齡的發生率一樣，同性性遊戲也是越接近青春期越少。

延續時間

與異性性遊戲一樣，只延續了一年的同性性遊戲佔到了61％，有的是兩年，17％的是兩年以上，只有8％的人達到或超過5年。

遊戲形式

在所有玩過同性性遊戲的女性中，展示和查看生殖器的佔到99％，三分之一的人除此之外沒什麼其他性行為。某種形式的用手撫弄生殖器的性遊戲佔61％，有的是對一個女孩進行撫弄，有的是相互撫弄。值得注意的是，相對於異性性遊戲，這種撫弄的發生率更高。

同性性遊戲中，口與生殖器接觸的約3％，插入女孩陰道（主要用手指）的是18％，這些都高於在異性性遊戲中的發生率。

性遊戲的作用

在心理發育方面的作用

許多女性是透過在前青春期與男孩或女孩的性接觸中，首次獲得關於性的資訊。她們瞭解了男女生殖器、自我刺激、生育、性交合技巧、親暱愛撫及性活動的意義。大多數這樣的性知識是人類性教育所必不可少的，但是大多數父母都精心迴避對自己的女兒進行這個方面的性教育。

在成年後性行為模式方面的作用

許多女性在前青春期性遊戲中學會什麼是性喚起，什麼是性高潮，這對她們的性協調有很大影響。許多女性透過那些學會如何進行人際性交往；某些性遊戲滿足了激情，這有利於女性接受日後的性活動。

不少案例中，女孩的性遊戲被成年人發現，受到肉體的懲罰。這樣導致女孩在以後的成年婚姻中再也無法放鬆地接受性生活。如果她們的父母在發現其性遊戲後不表現得這麼大驚小怪或給予懲罰，那麼童年的經歷就不會影響該女孩日後的性協調。

有趣的是，具有公開的前青春期性遊戲的女性中，很少數在青春期開始後或更年長的時候會繼續從事公開的性活動，但是這種情況在男性中卻很常見。有過前青春期親暱愛撫的女性，只有13％的人在青春期開始後繼續這樣做，但是男性的這個比例是65％。只有8％有過性交合的女性在日後

會繼續，但是男性佔55％，有過同性性遊戲的女性日後繼續的只有5％，男性卻佔42％。

　　女性這種截然不同的青春期前後的態度，顯然是社會習俗的產物，而不是女性生理或機體上的緣故。哺乳動物中的雌性並不存在這種情況，原始群體中沒有性資訊禁錮也就沒有這種情況。即使是美國人，社會地位較低或性禁錮較少的階層中女性，也不存在這種態度上的不同。

　　一般情況下，女孩越接近青春期，父母就越阻止她與異性接觸。父母告誡她們禁止親吻、一般的身體接觸、生殖器顯露，尤其是發生性關係。在歐洲、拉丁美洲、美國，女孩單獨與異性交往的機會，比同齡男孩少的多。佛洛伊德及其學派認為，這種性遊戲的中止代表的是性的潛伏孕育期。我們的觀點卻與此相反，而認為這是性不活動期。這是把文化強加在成熟少年的人際性活動之上，對女性尤其如此。與此呈鮮明對比的是，前青春期的自我刺激一般都延續到青春期開始之後和成年之後，估計是由於自我刺激不算是人際性活動。所以這進一步證明，在人際性活動的中止期間裡，不存在什麼生物學意義上的潛伏孕育現象。

接觸成年男性

　　我們的文化越來越關注前青春期兒童與成年人的性接觸，因大多數人都不喜歡這種接觸。他們認為這會讓兒童煩惱，不利於兒童其性的社會發育和日後婚內的性協調。現在發行的出版物又讓人們認為：兒童總是成年男性的「獵物」，性接觸會對兒童的肉體造成很大的傷害。大多數此類出版物是從醫生、警察或其他社會代理人那裡引用的案例。從1947年到1952年間，許多大眾傳播媒介都在宣傳強姦幼女的危害，給社會灌輸一種恐懼的思想，例如雜誌《美國人》、雜誌《週末信箱》、廣播節目「馬里蘭電臺」、故事書《唐老鴨》等。30個州的刑法判處與女童性交的人死刑或終生監禁。從1952年開始，至少有9個州實際執行了這樣的決定。但人們從來不知道，被成年男性強姦的兒童在所有兒童中有多麼大的比例。以下是我們的調查結果：

　　發生率和發生頻率

　　在我們的調查中，我們對成年男性的定義為已進入青春期並且年齡至少是15歲的男性，女童是未到青春期並且至少比男性小5歲的女性，目的是為了區別兒童之間的異性性遊戲。回答我們提問的女性共有4411名，其中說自己有過這樣經歷的約佔24％（1075人），其餘的人都沒有承認。

　　一般在較貧窮的、人口高度密集的社區裡，女童與成年男性的性接觸

比較多。我們調查的較低階層的女性沒有很多，也沒有女犯和黑人女性，不然的話發生率可能會高一些。

在發生頻率方面，約有80％的女童僅僅遇到過一次，12％的女童遇到過兩次，3％的女童遇到過3～6次之間。但是另一方面，也有女童在同一所房子裡發生過9次。這些事情的發生，有部分原因是女童對性活動的興趣增加，並且她們或多或少積極地尋求，所以事情才重複發生。

從發生時女童的年齡上來看，在所有發生過性接觸的女童中，只有5％～9％的是在7歲以前發生的，13％～26％的是在7～12歲之間發生的。

在成年男性的類型方面

52％是陌生人，32％是朋友或熟人，其他人的是2％～9％，例如叔伯、父親、兄長、祖父、其他男性親戚等。

所有發生過性接觸的女性中，85％的只與同一個成年男性發生，13％的是與兩個男性，2％的人是與更多的男性。

在接觸的情況方面

約有52％的是成年男性展示自己的生殖器，佔比例最多；排名第二的是非生殖器接觸的愛撫，佔31％；排名第三的是撫弄女童的生殖器，佔22％；其他的只有1％，例如展示女童生殖器、撫弄男性生殖器、口接觸男性生殖器、口接觸女性生殖器等；3％的有性交合；僅僅是成年男性過於貼近女童的約有9％。

在上述情況中，62％的涉及一般肉體接觸和展示生殖器，只有1％的是展示女童生殖器。許多成年男性向女童展示自己的生殖器，但都被起訴並判刑，包括一些根本不想與女童發生肉體接觸的人。根據我們的上述資料

發現，很多成年男性並沒有企圖進一步與女童發生其他性接觸。更確定的是，對女童造成肉體上傷害的男性「裸陰者」就更少了。所有的刑事案例中，以展示自己的生殖器開始的強姦犯更是極少數。在1950年，里科萊斯曾寫過：「根據我個人和這個領域內許多其他觀察者的經驗，我們根本不需要害怕『裸陰者』。因為他們不會對任何人造成肉體上的威脅。」

男性透過向女童或成年女性展示自己的生殖器，可以獲得一種激情刺激，這是他所獲得的滿足的一部分，因為在這種情況下女性都會瑟瑟發抖，或驚訝之極，或羞澀萬狀。但是更大的滿足是由於社會和法律禁止這種行為，但是他冒著這些風險和威脅做出這種事情，自己感受到了情緒亢奮。有些人還有自戀的成分，他們是為了顯示自己的性能力。經常有男性在兒童面前進行自我手刺激，但是我們認為在許多情況下他的行為是偶發的，跟醉鬼的隨地大小便一樣，但是兒童卻認為那些男性是故意的。

在與成年男性性接觸的意義方面

我們和其他人的研究都不足以得到這個問題的答案，有些女孩認為這是快樂的來源，因此5％的女孩出現性喚起，1％的女孩達到性高潮。還有一些年齡較大的女孩覺得這有利於自己日後性的社會發育。

但另一方面，80％的女孩覺得心緒不安或有恐懼感。但是並沒有多少人真正被嚇壞，大多數女孩的害怕程度和她們看到見毛毛蟲、蜘蛛或其他可怕之物一樣。因為人們一直教育女孩子「這些東西都是可怕的」，如果沒有這樣的教育，我們就會懷疑她們會不會被性接近嚇壞了。父母和老師不斷地告訴她們「不准與成年男性接觸」，但是並沒有向她們解釋被禁止的接觸實際上是什麼類型的。於是，這些女孩心中就是長輩灌輸的想法，

一旦有一個大一些的男性靠近她們，或者在街上停下來跟她們說話，或者善意地撫摸她們一下，或者想幫她們什麼忙，她們就會歇斯底里，因為她們心中沒有任何性的概念。一些研究青少年問題的學者認為，女孩在這類接觸後所做出的情緒化反應對她們造成的傷害，比性接觸本身更為嚴重。性罪犯的歇斯底里恐懼，會嚴重影響這樣的女孩在日後婚姻中實現性協調的能力，漢密爾頓和特曼都詳細論述過這一點。

當然，有些男性確實對女孩造成肉體上的傷害，我們的調查也發現了一些這樣的事例。但是只是少數。人們應該學會區分這兩種不同的情況。在我們所說的4441名女性中，只有一個人是真正受到了嚴重傷害，還有幾個是出現了陰道出血，但是沒有任何其他可見的傷痕。

青春期開始時期的性發育

在一般人的想法和技術化研究中，人們總是習慣地認為，首次來月經之時也就是女性青春期的開始。不幸的是，這是一個誤解。

青春期的開始有幾個基本特徵，例如：身高增長突然加快，但這是發生在首次月經之前的。我們的調查中，大多數女性認為青春期的開始是陰毛的出現。有些女性最早在8歲就出現並發育陰毛，但有些是18歲，所有女性的平均值是12.3歲。我們的調查還發現，有些女性的乳房在8歲就開始發育，有些卻晚到25歲，所有女性的平均值是12.4歲。大多數女性不記得自己是幾歲的時候身高增長突然加快的，但記得突然增加體重的年齡，早的是在9歲，晚的是在25歲，所有女性的平均值是15.8歲。

女性首次來月經的時間是在9歲～25歲之間，所有女性的平均值是13.0歲，這比出現陰毛和開始發育乳房晚了8.4個月。人們往往認為，青春少女生活中的最特殊事件是首次來月經，所以從古代猶太民族開始，人們都習慣把這當作青春期開始的象徵。到現在，人們仍然不知道該如何按身體的變化來判斷女孩是否開始青春期。例如，如果有個女孩先出現陰毛或發育乳房，但是沒有來月經，父母就會帶她去「看病」。他們不知道的是，其他身體的變化經常早於月經初潮。

人們普遍認為，月經初潮意味著少女已經「性成熟」，可以懷孕、生殖了。但是我們的調查發現，要到月經初潮幾年之後，大多數少女才可以

排出成熟的卵子。

在心理發育方面

女性身體的發育和她的性反應狀況的發育關聯不大。雖然性喚起和性高潮的累計發生率在青春期內持續增長，但直到25歲左右，甚至有些人到30歲以上才達到頂峰。男性會在青春期剛開始的一兩年內達到頂峰，然後便逐年持續下降。

一般來說，女性青春期開始得早，她的身體在青春期內也發育得更快，所以我們都認為少女的性成熟要比少男快。在生育能力方面也確實如此，但是生育能力並不等同於性喚起能力和達到性高潮能力。實際上，女性性反應狀況的成熟比男性晚了很多。這是因為，女性能否獲得完全性反應的能力取決於諸多因素，例如她在前青春期、青春期和再往後的歲月中獲得的性經驗，以及制約她心理狀態的社會因素等。

第三章

自我刺激

在人類6種可能的性行為類型中，婚前女性經歷最多的是異性親暱愛撫，婚後女性經歷最多的是婚內性交合，而無論婚前還是婚後，自我刺激都是女性經歷第二多的。

在所有性行為類型中，女性達到性高潮最經常的是透過自我刺激，甚至在婚前異性愛撫中也是如此。在自我刺激總次數中，女性能達到性高潮的次數達95%，甚至更多。

這是因為自我刺激所用的技巧特別能產生性高潮，而人際的性關係一般都要協調雙方的興趣、欲望、身體能力和心理反應等。在性交合中，有的女性沒有被性關係的心理方面激發出強烈性喚起，她們很可能會發現，由於自己必須與對方做出某種協調，反而推遲甚至完全阻止自己達到性高潮。當然，有的女性可能由於喜歡性交合中的心理意義和社會意義而喜歡這種人際性關係，推遲性高潮也可能實際上增加了她的快樂。但這些都不能改變一個事實：自我刺激仍然是達到性高潮最簡便、最快捷的方法。因此，在研究女性的性反應和性高潮時，自我刺激為我們提供了最清晰的資料。

自我刺激的定義和學習它的途徑

　　自我刺激是有意從事的，可以引發性喚起的，自己對自己做的一種刺激行為。自我刺激可以達到性高潮，也可能不達到，可以以達到性高潮為目標，也可以不以此為目標。我們一般稱自我刺激為「手淫」，在拉丁文的原始拼法中，這種行為是和「手」聯繫在一起的，但是在實際情況中，自我刺激還可以包括使用其他方法刺激生殖器，或是刺激身體的其他部位。還包括透過刺激其他某些感覺器官，例如心理刺激的辦法來實現自我刺激。

　　佛洛伊德在他的許多著作裡，都把自我刺激定義為「一切針對自己身體的觸覺刺激」。對嬰幼兒這個特殊群體來說，這種說法非常適用，尤其是女嬰、女童。但是，一般成年人可以分辨哪些不屬於自我刺激，例如一般觸及肉體的行為，甚至是吮吸大拇指、咬指甲、嚼口香糖、尿床、開快車、高臺跳水等，這些都可以給人們帶來滿足，但是不能稱為自我刺激。

　　在《男性性行為》中，我們傾向於接受佛洛伊德對自我刺激的定義，但是現在，我們更多地瞭解到，很多綜合反應，例如性反應的基本生理過程，性反應中的許多生理現象，甚至在憤怒或恐懼時，也同樣會出現生殖器勃起。因此，我們認為性行為的定義是「只有在動物性交合時，或者至少在某種程度上屬於性交合的某些方面時，才會出現的那些現象所形成的某種組合形式」，這不同於其他活動。這是因為，雖然在許多綜合反應

中，有許多因素或現象是相同的，但是每種綜合反應中都會有一些別的活動中所沒有的因素和現象。

很多動物也會經常從事自我刺激，例如雌性家鼠、灰鼠（栗鼠）、兔、豪豬、松鼠、雪貂、馬、牛、象、狗、狒狒、猿、黑猩猩。這說明，人類女性自我刺激生殖器，是與所有哺乳動物共同擁有的一種能力，而且和牠們一樣，都少於該物種的雄性。不過，相對於任何其他動物，人類女性更多地懂得如何在自我刺激中達到性高潮。因此，人類女性透過自我刺激達到性高潮的比例，比任何動物都高得多，接近100％。這一點，正是人類女性根本上區別於任何雌性動物的地方。

在許多人類群體中，包括已知的35個到40個原始部落，女性普遍運用自我刺激。但是沒有證據顯示，歐洲女性（白人）或非洲女性（黑人）的發生率，一定會高於或低於世界其他文化中的女性。

自我刺激是人在後天學習得來的，像其他任何性活動一樣，女性的學習途徑主要有：

自我發現

大多數女性發現怎麼自我刺激，是透過觀察自己的生殖器。在前青春期的後幾年裡開始自我刺激的女孩中，這樣的自我發現約有70％；在11～12歲之間開始自我刺激的女孩中，這樣的自我發現約有58％。這種情況隨著受教育程度的降低而減少，但是在幾代女性之間沒有很大的差異。

值得注意的是，有些女性從未進行過自我刺激，一直到二十幾歲、三十幾歲，甚至四十幾歲和五十幾歲時，她也是透過自我發現的方式發現了自我刺激的技巧。男孩中這個比例較低，只佔28％，但是有75％的男孩

聽說過什麼是自我刺激。顯然，不管是少女還是老婦，都不可能像男性那樣公開談論自己的自我刺激經歷。許多女性是先知道男性中有自我刺激行為，很久之後，才知道在女性中也可能有，並且在30歲之前從未聽說過，30歲以後才發現。但是同樣受過國中教育的女性，卻有28％的比例，現在的大多數青年問題諮詢專家都出身於國中教育這個階層。類似的是，當許多母親和女老師剛剛聽說自我刺激時，她們的兒子或男學生，已經知道並從事了10年或20年之久了。當然，也有些女性在自我刺激很多年之後，才知道它具有性內涵，才知道它叫「手淫」。

口頭傳說與閱讀資料

在有過自我刺激的女性中，可能43％的人是透過這兩種途徑首次獲知自我刺激的。到20歲時已經有過自我刺激的女性中，這兩種途徑是首次獲知自我刺激的第二大來源。在20歲以後才有過自我刺激的女性中，這兩種途徑卻超過了自我發現，成為第一大來源。

男性中這個比例達75％，但主要是透過口頭傳說。女性則更多地是透過看道德教育和性教育書籍，有時也會透過宗教課程——宗教本來是為了消滅「手淫」才特意講自我刺激的。

一旦知道自我刺激，多數女性就開始實行，但是也有一些等了數月或數年之久。極少有男性不馬上執行的。

親暱愛撫經歷

12％的女性是透過這種途徑。在親暱愛撫中，男性會撫弄女性的生殖器，有些女性因此達到性高潮，她們卻沒有想到自我刺激也能產生同樣的效果。

觀看他人

只有11％的女性是透過這種方式，但是在男性中這個比例較高，約佔40％。主要是前青春期和青春期之初的少女會透過這種方式，她們看男孩比看女孩多。但是也有些成年甚至年長女性，在看了自己的幼兒和小女孩的自我刺激後，才開發自己的能力。

同性性行為經歷

只有約3％的女性透過這種方式而首次獲知，在男性中比例稍高，佔9％。有些案例中，同性性行為中的另一女性是護士、保姆或女親戚。

自我刺激和年齡及婚姻狀況的關係

兒童

在我們的記錄中，3歲以下的女孩有67名有過自我刺激，最小的只有7個月，1歲以下的有5名。在這67名中，有23名達到性高潮，多於同齡的男孩。約有19％的女孩在青春期開始之前有自我刺激。

累計發生率

在我們調查的所有女性中，62％的人一生中至少有一次自我刺激，其中約58％的人至少有一次達到性高潮。有些人僅有過一次自我刺激或極少幾次，沒有繼續開發自己的性能力，所以沒有達到高潮；但是幾乎所有繼續做下去的女性很快就達到性高潮。我們只討論那些曾經達到性高潮的女性。

到7歲時大約有4％的女性達到性高潮，到12歲時（青春期初始的平均年齡）大約有12％，到13歲時有15％，一直到35歲這個比例都或多或少地遞增，之後慢慢地緩下來，但是直到40歲以後還在緩增。這種增長和女性的結婚年齡沒有關係。

各年齡的發生率

在16歲以下的女孩中，只有20％的發生率，但是在41～45歲的曾婚女

性中這個比例卻高達58%，原因可能有：

1. 隨著年齡的增大，性反應可能更多了；

2. 隨著年齡的增大，靠人際性行為來釋放的可能性越小了，導致更多的女性轉向自我刺激；

3. 社會和法律經常減弱了對較老女性的「手淫禁忌」；

4. 較老女性在親暱與性交合中獲得更多經驗，因此她們知道透過自我刺激可以獲得同樣的性滿足。

已婚女性的發生率（23%～36%）低於單身女性的發生率（20%～54%），原因是許多女性婚前依賴自我刺激，但是婚後有性交合可以代替自我刺激，所以便中止自我刺激了。但是，另一方面，有一部分女性是透過婚後的性交前愛撫才學會自我刺激的，有些女性在性交合中達不到性高潮，就由丈夫或自己進行手摸刺激以達到性高潮。當然，有些妻子只有丈夫不在時才這樣做。

達到性高潮的頻率

單身女性平均每週0.3～0.4次，已婚女性平均每週0.2次（每月1次）。但是如果把16～50歲的單身女性與21～55歲的在婚及曾婚女性相比，差異並沒有多大。女性的其他類型性行為也是如此。這是女性性存在的最顯著特點之一，也是和男性的最大差異之一。

自我刺激的頻率餘女性的身心狀況有關，所以它是最好的測定女性對性活動的興趣程度的辦法。這個方法比用異性性活動來測定要好，因為異性性活動經常是由男性發起的，不能夠測定女性的主動發起能力和性興趣。

有一些例子證明，每月月經來臨之前是女性自我刺激集中的時期。大多數女性性反應在這個時期內最強。

頻率的個體差異

有4％的女性一生中曾每天自我刺激2次以上，有一些女性曾經在僅僅一個小時之內自我刺激並達到性高潮10次、20次，甚至100次。

在性釋放整體中的比重

在結婚之前各年齡段中有37％～85％，已婚女性中只有10％左右，其中年輕的又低於年長的，曾婚女性中有13％～14％。

延續時間

31～35歲之間有過自我刺激的女性中，延續1年以下僅有9％，高達59％的是延續10年以上，平均延續時間為14年。50歲以上有過自我刺激的女性中，73％的是延續10年以上，平均延續24年。當然也有15％的人沒有延續，有些人則延續長達40年或更久。原因有：

1. 婚內性交合取代了它；

2. 道德阻止了它；

3. 少部分女性對任何性行為都缺乏興趣，或是正好相反，仍覺得自我刺激不足以充分滿足自己的需要。

各種影響因素綜合分析

和受教育程度的關係

性高潮發生率

所有資料都證明，在有過自我刺激的女性中，隨著受教育程度的增高，達到性高潮的也就越多。例如：在16～20歲的單身女子中，受過國中教育的女性中只有27％達到性高潮，教育程度在高中及以上的有31％。21～25歲的已婚女性中，受過國中教育的只有11％，受過高中教育及以上的卻有31％。

累計性高潮發生率就更明顯了：到40歲時，受過國中教育的女性中只有34％，而受過高中教育的女性中有59％，受過研究生教育的達63％。同時，受過國中教育和高中教育的女性，隨著年齡增長，開始自我刺激的就越少，尤其在結婚以後就更少。

性高潮頻率

這個方面各種受教育程度者都差不多。這顯示，女性所屬的社會階層，確實能影響她對自我刺激的選擇；但是她一旦開始自我刺激，頻率就相差無幾，此時社會階層歸屬的影響就很少了。

在性釋放整體中的比重

這個方面，也是隨著受教育程度的變高，比重就越大。從青春期開始到15歲那段時間裡，在受過國中教育的女性中比重為52％，高中教育中為73％，大學教育及以上中則超過90％。原因是，受教育程度低的女性實現性釋放更多地是透過婚前性交合，也更多地認為「手淫」會損害身體，更多地把「手淫」視為一種道德錯誤或生理上的不正常。上大學的女性則不同，她們所出身的那個社會階層認為「手淫」畢竟好於婚前性交合，因此這些女性在自我刺激中很少碰到生理釋放與道德戒律的衝突；但是她們恐懼婚前性交合，甚至一想到此事，就會慌恐不安。不過，這種社會階層差異只是在年輕的時候比較大，隨著年齡增長和已婚者日增，差異就很小了。另一方面，女性父母的職業等級，和她的自我刺激發生率和頻率等沒有很大關係。

與時代的關係

過去的40年裡，累計性高潮發生率提高了。和1900年以前出生的女性的發生率相比，新幾代女性的發生率逐代遞增，增長率為10％左右。例如，到30歲時，第一代（出生於1900年以前）女性的發生率為44％，第二代（出生於1900～1909之間）為51％，第三代（出生於1910～1919之間）為53％，第四代（出生於1920～1929之間）為55％。但是最年輕的一代開始自我刺激的年齡卻比前幾代晚一年或兩年。

達到性高潮的頻率沒什麼際遇上的不同。

在性釋放整體中的比重卻是逐代降低，原因顯然是由於新幾代女性更多地從事異性親暱愛撫和婚前性交合。

與青春期開始早晚的關係

在男性中，青春期開始得越早，他一生中在性方面就越積極，也就有越多的性行為類型，在每種類型中的頻率也越高，因此性釋放整體的水準更高。但女性卻不是這樣。

在12歲、13歲和14歲開始青春期的女性裡，她們的自我刺激累計發生率和每5年內的發生率，都沒有明顯的區別；只是青春期開始於11歲的稍高一點，青春期開始於15歲的稍低一點；其他各項指標也都基本上沒有差異。看來，對男性產生作用的那些因素，對女性卻沒有影響。

與城鄉差異的關係

城市女性的累計發生率為59％，鄉村女性卻只有49％。這是因為，在美國的許多城市裡，能夠客觀討論自我刺激的社會群體、專業人員和宗教組織，一直在日益增長，鄉村卻很少有這種現象。鄉村人中受祖輩禁忌的影響更多。

與宗教信仰的關係

由於正統猶太教、天主教和某些新教派別一貫嚴懲「手淫」，因此毫不奇怪，越信仰宗教的人，自我刺激的發生率就越低。不過，女性的這種情況比男性更嚴重。在女性內部，某些宗教信仰最虔誠者的累計發生率只有41％，最不虔誠者的這個比例卻是67％；而不信宗教者更比全體女性的平均數還高10％～25％。這種差異最大是在女性15歲左右時。但是宗教信仰程度和自我刺激達到性高潮的頻率卻沒有很大關係。這再次說明，女性一旦開始自我刺激，她的宗教忠誠感一般就不能再影響她了，就像年齡和

受教育程度都沒有影響她達到性高潮的頻率一樣。與其他性行為一樣，只有那些從未經歷過「手淫」的人，道德對她們的打擊才是最沉重的。在經歷之後，大多數人都不理解，為什麼這樣的事會被看得如此嚴重。

自我刺激的技巧和與之伴隨的幻想

　　女性使用的技巧比男性多。我們發現常用的技巧有6種，更多的是不經常使用的。有一半或更多的女性只用過一種技巧，但是也有四分之一到二分之一的女性用過兩種或更多的技巧。

刺激陰蒂與小陰脣

　　做過自我刺激的女性有84％主要依靠這種技巧，當她們自我刺激時，女性經常輕輕地、有節奏地用手指觸摸敏感部位並不斷移動，或有節奏或持續地用手指或整個手按壓，也經常用一個或兩個手指或緩或急地在小陰脣之間移動，以此來觸及陰蒂。也有人極少數的時候，是用腳摩擦的。

　　由於陰蒂和小陰脣是最敏感的部位，遠遠勝於插入陰道，所以這種技巧最為普遍。大多數女性的陰道內壁沒有神經，只有一些女性在陰道口有神經。

刺激大陰脣

　　雖然有實驗證明大陰脣也足夠敏感，但是很少有女性自我刺激大陰脣，而這種情況往往發生在按壓整個外生殖器時。

擠壓外生殖器

　　大約有10％的女性使用這種方法。她們緊緊交叉雙腿或持續地或有節

奏地撞壓整個外生殖器區域。這樣可以刺激陰蒂、小陰脣和大陰脣，此時可以伴隨手摩挲生殖器，也可以不伴隨。擠壓可以產生觸覺刺激，但是也有其他的原因，接下來我們講一下。

肌肉緊繃

這是指透過全身肌肉和神經緊繃來實現自我刺激。因此，女性一般臉朝下平趴，或者跪膝頂腹，向前運動「雙股」。速度可快可慢，重要的是緊張度和力度。這樣，她可以用外生殖器摩擦身子下面的床、枕頭或其他物品。這種技巧最多只能摩擦外生殖器的前面部分，它主要給骨盆提供了一個運動的機會，使臀肌和股間股前的內收肌產生有節律的收縮。這裡面的道理和第二章中講述女童的自我刺激是一樣的。

這與男性做這樣的自我刺激道理也是一樣的，男性與女性的女上位性交合道理也是如此。肌肉和神經緊繃可以產生和刺激生殖器產生同樣的效果。我們的調查資料顯示，用這個方法與其他任何方法相比，達到性高潮的速度至少是一樣的，甚至有時更快一些。性反應中一切生理變化裡，最重要的一個方面就是加劇肌肉律動緊張。

男性透過平躺或以足尖站立的方式進行自我刺激時，也是為了有意識地運動其腿、臀部或全身，以便在不觸及生殖器的情況下加劇緊張而達到性高潮。在男性跳舞的時候，這樣的緊張可以引發性喚起。有些少男少女會在爬繩或做引體向上時，達到性高潮。其中，有些人是透過這樣的方式首次體驗到性高潮，有些人從事這些體育活動是為了獲得性高潮。與此相反，也有少男少女正是為了避免在大庭廣眾之下達到性高潮，才堅決拒絕從事此類運動，這也讓有些體育老師發怒。偶爾也有一些成年男女是透過

懸吊門框上或其他地方，來實現自我刺激。

我們調查的女性中5％使用過這種方法，但是實際比例肯定更高。因為在調查剛開始的那幾年裡，我們沒有意識到這種方法的重要意義，所以沒有系統地提問這個問題。

刺激乳房

有超過一半的女性的乳房，尤其是乳頭，也是性敏感區。在有過自我刺激的女性中，11％的人是刺激乳房。有些人是用手摩挲，有些人是讓乳房抵觸床或其他物品，一般都有用手摩挲生殖器來伴隨。但是只用這個方法達到性高潮的人非常少。

插入陰道

大約有20％的女性使用這個辦法，但是大多數都是間斷使用的，或者與其他方法一起使用。許多使用這個方法的女性，分不清陰道口和陰道本身的區別，許多人只是用手指插入陰道口的肌肉環，手的其他部分實際上是在刺激著外生殖器。

女性中無論用什麼物品插入陰道，都是很有限的。但是很多男性，由於他們對性交合有誤解，往往迷信男性生殖器在性交合中有很大的作用，所以他們總是認為所有女性的自我刺激必定都是用手指或其他物品深深地插入到陰道內。我們看到，從1711年到1950年，有20位作者在17本著作中都相信這個說法。遺憾的是，這其中還包括靄理士、迪金斯和赫希菲爾德這樣的一代名師。並且，很多男性在其創作的文學作品中，都念念不忘地描述女性使用各種仿男性陰莖製品的「淫具」。因此，許多男性在親暱愛撫中都是用手指插入對方的陰道。但是根據我們的調查，女性用手指或其

他物品插入陰道是有很多原因的：

1. 確實希望透過深深地插入陰道而獲得性滿足。這樣產生刺激的原因有：這些人的陰道壁可能有神經，也可能是由於她們在心理上把插入和性交合聯繫在一起。

2. 被男性迫使的，或是被男女臨床醫生所迫，由於他們誤解性交合，進而也誤解女性性生理。

3. 有的女性是在大量性交合之後才知道自我刺激這件事，因此認為後者必須模仿前者。但是，許多這樣的女性一旦瞭解了自己的生理和性能力，就不再進行插入了。

4. 為了滿足男性的要求。在觀看女性用這種方法自我刺激時，有的男性覺得這對他自己很有性刺激。

僅靠幻想

大約有2％的女性僅僅靠幻想性的情景就可以達到性高潮，而不觸及或刺激自己的生殖器或身體其他部位。男性在夢中經常會這樣，但是醒來後就極少有這樣的情況了。同樣，儘管三分之二的女性在自我刺激時都會有性幻想，但是只靠幻想的就太少了。

其他技巧

大約有11％的女性使用其他技巧。有些人用枕頭、衣、椅子、床或其他東西來摩擦自己的外生殖器，有些人用陰道灌洗器、流水衝擊、震動按摩器，或用插入尿道的方式，或用灌腸的方式，或者其他方式插入肛門，還有施虐與受虐活動，但是這裡面沒有哪一項有較多的使用者。

達到性高潮的速度

在3分鐘以內達到性高潮的有45％，在4～5分鐘之內達到的有25％，平均值是4分鐘差幾秒。許多人較長時間才能達到，不是因為她們不具備快速到達高潮的能力，而是因為她們想故意延長快感。

人們普遍認為，女性的性反應速度比男性要慢，但是我們的上述資料證明事實上不是這樣的。如果男性不想故意延長，他們達到性高潮的平均時間是2～3分鐘，這只比女性的平均速度快了不到1分鐘。當然，在性交合中，女性的反應確實比男性慢了很多，但其中原因一般是性交合的技巧無效。女性性反應速度並不慢，這是我們瞭解女性性能力時最重要的一個資訊。

女性自我刺激時是否伴隨，以及伴隨什麼樣的性幻想，是與技巧有關的。接下來我們談談這個方面的情況。

有36％的女性在自我刺激時，沒有什麼其他的活動，只涉及肉體刺激；而64％的人都伴隨著幻想特殊的性情景。有一半的女性至少在一生中的一段時間裡，很多次地自我刺激都伴隨著幻想。但是也有相當多的人在自我刺激多年以後才開始伴隨幻想。一般來說，年齡大的女性幻想的情況更普遍，年少女性則不怎麼普遍。

幻想可以涉及很多種類，例如異性性行為、同性性行為、與動物的性行為、施虐與受虐活動，以及其他種類。有些人一直是一種，有些人是多種，有些人隨著年齡的變化而變化。

約有60％的女性至少偶然地幻想過異性性行為，有10％的幻想過同性性行為，只有1％的人幻想過與動物的性行為，超過4％的女性幻想施虐與受虐活動。女性的幻想一般和自己的實際經歷一致，很少超出實際情況。

所以處女幾乎不會幻想性交合，但是許多男性從沒有幻想過自己的切身經歷。

在男性中，各階層的幻想發生率隨著受教育程度的提高而提高，而所有的女性卻非常一致，年齡差異和階層差異都沒有什麼影響。

如果男性在自我刺激時不伴隨著性幻想，他們一般很難達到性高潮，但是女性卻可以不伴隨幻想也能達到性高潮。這種能力充分顯示，女性更依賴性喚起中的生理和生物因素。

男性拿自己的經驗放在女性身上，就認為女性在性活動中一定也伴隨著幻想。男醫生、各類男作者，尤其是性愛文藝的作者，以及大多數男性都有這樣一個夢：大多數女性在意識到自己可能要從事性活動時，一定像男性那樣被引發性喚起。因此男性不理解為什麼心理刺激對女性並不那麼重要，而女性也不理解為什麼心理刺激對男性那麼重要。這就是為什麼在相互性瞭解過程中，那麼多男女碰到那麼多困難的主要根源了。

自我刺激的意義與作用

生理意義

大多數女性自我刺激是為了獲得她們原本應該獲得的、直接的和即時的滿足。社會習俗阻止女性從事人際性接觸，所以這是一種可以解除她們在產生性喚起時的生理焦慮的方法。從1897年開始，學者們就一直這樣討論。事實上，如果沒有用性高潮這個方法來解除性緊張，大多數男性和一些女性的一般能力都會被破壞或干擾。這樣的人會變得神經質、易怒易躁、精神無法集中、難以為人處世。要是不論他們的性喚起再多，都能順利達到性高潮這個終點，無論是對他們自己，還是對其他人來說，生活都會變得更加美好。

不會造成生理損害

許多人都認為，「手淫」會對一個人的生理造成損害。例如，我們調查過的一些女性就認為，「手淫」使她們引起了丘疹、精神遲鈍、心情惡劣，甚至激素分泌過少等種種病痛，這其實都是誤解。顯而易見，受到道德反對最多的女性，就是最經常地堅持說「手淫」給她們造成肉體與精神上的損害的那些人。令人驚訝的是，醫生、精神病專家、心理學家和教育學家中，竟有如此多的人也堅持認為女性「手淫」有害。我們看到，從1741年到1952年，61位作者的58本著作都在鼓吹這種說法。但是，這些書

沒有任何生理事實的檢驗，只是試圖用道德準則來評價女性的性行為。

在我們調查過的女性中，有將近2800名女性都有過自我刺激。其中只有極少數有肉體或精神上的損害，我們可以認為，自我刺激這種活動本身所引起的大量損害，是由對自我刺激的煩惱憂慮及試圖戒除它所造成的。

道德的解釋

宗教嚴罰「手淫」，是因為它偏離了性的「第一目標」——生殖。正統猶太教有一段時間用刑罰來懲罰「手淫」。天主教也把它作為色欲罪行來懲罰。新教各教派在過去的幾百年間也是如此，直到最近才有一些教士試圖運用更科學的資料來解釋它。

在我們調查的女性中，有許多人從來沒有自我刺激過，在這些人中，有44％的說是因為她們認為這是一種道德上的錯誤。很顯然，這樣的女性性反應能力極差，因此才覺得遵守道德戒律是很容易的。從未進行過自我刺激的女性中，81％說是因為自己沒有感到對它有需求。其中，有些人是因為已經找到其他性釋放的途徑，但是也有許多人顯然是缺乏任何一種性反應能力，因此她們不需要任何一種方式的性活動。從未有過自我刺激的女性中，還有28％是因為她們不知道女性也能自我刺激。

法律的看法

儘管歐美輿論接受宗教對自我刺激的態度，但是成文法律卻沒有接受。美國只有印第安納州和懷俄明州兩地，把鼓勵「手淫」列為犯罪，但沒有一個州對獨自「手淫」處以刑罰。現在社會關心的是生殖，因此對那些不能導致生殖的性活動並不總是很感興趣。

心理意義

如果沒有懲罰、煩惱或恐懼，任何一種類型的性活動，無論人際的還是獨自的，都能提供生理滿足，進而可以使人處於很好的心理協調狀態。但是，由於兩千多年來，宗教一直懲罰「手淫」，多數醫生和專業人員也一直禁止「手淫」，因此毫不奇怪，有過自我刺激的女性中，約半數由此產生心理煩惱。她們的煩惱平均持續時間長達6年半。這就意味著，在每一天中，都有數百萬美國女性，在毫無必要地損害著自己的自信心和社會能力，有時也損害著婚內性生活的和諧。這種損害並非來自「手淫」本身，而是源自她們的行為與道德戒律之間的衝突。在女性中，因為這個原因引發煩惱的人多於由任何其他類型性活動引發煩惱的人。

佛洛伊德及精神分析學派雖然承認自我刺激沒有生理損害，但是他們認為成年人的自我刺激是嬰兒的、不成熟的和人格欠缺的，由此給人們帶來新的心理煩惱。這種說法實際上仍然來自於猶太教法典，只不過用了類似科學的新術語。不可否認的是，很多成年人在任何現實環境中都非常成熟，也照樣自我刺激。

社會意義

社會關心和重視的不是自我刺激這個行為的本身，而是它的效果，尤其是對婚內性生活和諧的影響。

一些精神分析學家認為，自我刺激集中於外生殖器，不能訓練女性的「陰道反應」，而「陰道反應」又是「性成熟」之前必須要首先具備的。但是實際上，大多數女性的陰道對觸覺刺激沒有反應能力。性交合刺激的也主要是外生殖器，與自我刺激沒什麼兩樣。幾乎所有女性都毫無困難地

把自我刺激的經驗轉用於性交合之中。當然也有數百名女性遇到困難，但她們正好是猶豫聽信所謂的「陰蒂反應向陰道反應轉變」的說法，覺得自己沒有實現這個解剖學上並不存在的轉變，才產生煩惱的。

僅有過自我刺激經歷的處女，在首次插入式性交合時確實會出現一些問題，但是即使從未做過自我刺激的處女此時也會出現同樣的問題。

有人說，婚前「手淫」過的女性，婚後會渴望繼續獨自活動，會不喜歡性交合，但我們發現這是極少的情況。相反，婚前因自我刺激而受過責罰的女性，婚後出現性煩惱的更多些。

比上述效果更重要得多的是，資料顯示，婚前的自我刺激有益於女性在婚後性交合中的反應能力。我們知道，相當多的婚後不協調是由於女性的性喚起一般慢於男性，由於女性經常難於在性交合中達到性高潮。這裡面涉及的因素很多，但最重要的是，女性在婚前沒有體驗過性高潮。在我們的調查中，約36％的女性就是這樣。不考慮透過什麼途徑，只有50％的女性在婚前有過規律的性釋放。

婚前從未體驗過性高潮的女性，在婚後是無法做出適當反應的，這是婚前體驗過性高潮的女性的2倍。若女性在婚前沒有學會如何使自己在性高潮中放鬆自如，至少會減少她婚後達到性協調的機會。婚前力戒肉體接觸的女孩，婚後也很難改變她已獲得的那種神經和肌肉毫無反應的狀態。因此，女性婚前是否體驗過性高潮，比她從事過何種性活動都更重要。

婚前從未自我刺激過，或雖有過卻從未達到性高潮的女性中，31％到37％的人在婚後第一年的性交合中也無法達到性高潮，其中多數人在婚後5年中也仍然達不到。但是，婚前透過自我刺激達到性高潮的女性中，這樣的比例只有13％到48％。

第四章

性夢

　　性夢指睡眠狀態中所做的一切性夢，包括白天和夜間的睡眠，但它和非睡眠狀態下的性夢幻和性幻想不同。

　　人們一直在討論男性的性夢。出於自己的經驗，男性總是認為女性也會有和自己類似的性夢。在性愛文學和實際生活中，男性總是希望自己感興趣的女性會在夢中夢見自己，男性也總是表達著這種願望。他們總是確信，任何墮入愛河的女性，都必定會夢到她與她所愛的男性從事直接的性活動。從1707年到1951年中，至少有39位作者在34本著作中談論了女性的性夢，但是他們都缺乏必要的統計資料，所以無法證明它的存在。

　　如果女性有性夢，如果達到性高潮，其間所發生的性反應必定和她醒著的時候是一樣的。無論是哪種涉及他人的性活動，都存在雙方的協調問題，例如女性婚內性交合的頻率一般都高於她自己的期望，即使性反應能力最強的妻子的頻率，也往往低於丈夫的期望。但性夢與自我刺激一樣，它的發生率和頻率受他人影響最小，低於任何其他性活動。因此，研究女性性夢能更準確地瞭解她們的基本性興趣與性能力。

性夢的起源

性夢中的性反應與清醒時的性反應的主要不同點是：在睡夢中，人們從生活中學來的種種自我控制和自我禁忌都較少發揮作用。

在《男性性行為》一書中我們講過，男性可以在睡夢中做出亂倫、群體性交、當眾裸陰及其他種種性行為，這些是他們清醒的時候在精神和肉體兩方面都做不出來的，尤其是性夢中達到性高潮的速度，遠比清醒時要快得多。

有些女性在清醒時難於自我放鬆也就難於達到性高潮，但是在性夢中卻完全可以，這些女性的數量不是很多。5%的女性首先是在性夢中經歷了自己的第一次性高潮，這比清醒時的任何性活動都要早，並且這個比例和男性相同。

在清醒時的性行為中，女性比男性更多地依賴直接的肉體刺激。但是在性夢中，無論男女，主要都是依賴心理刺激。當然，產生肉體刺激的有睡衣、被褥、床等物品，但這種情況很普遍，幾乎每夜都有。照理說，正確的情況是性夢發生率比現在實際的發生率要高得多。

性夢幾乎總是伴隨著睡眠中的性高潮，這最能說明性夢來自於心理刺激的特點，有些女性在自我刺激或其他性行為中從未伴隨過幻想，但是她們也會有剛才那種情況。在女性中，只有不到1%的是相反的情況，而且很可能是因為她們忘記曾經做過性夢了。

許多人認為，女性的性夢是因為患有某種神經不良症，女性若是正常情況下，身心狀態良好，絕對不會做性夢，更不會在其中達到性高潮。他們的理由是：正因為如此，性夢在女性中才不像在男性中那麼普遍。這種說法代表了一種趨勢，即總是把那些不是人人都有的、不為人知的或不為人所理解的人類行為，硬說成是神經病、精神病、不成熟、變態或其他什麼心理不良症。如果按照這種說法，80％以上的男性都有夢遺，所以他們都是神經病患者。

性夢的發生率與頻率

一般狀況

在我們調查過的女性中，曾經做過明確無誤的性夢的約有65％；有20％的女性至少有一次在性夢中達到性高潮，有15％的女性從未達到過性高潮。

累計發生率

到45歲時，做過性夢的女性中有37％的達到性高潮，其餘的63％則沒有。如果按照每一年齡上的發生率，則在青春期開始之後，任何年齡的女性的發生率都剛剛好大於10％。

平均頻率

大約為每年3～4次，即每週0.06～0.08次。在整個一生中只有過5～6次性夢的女性大約有25％。全體女性，每年超過5次的有8％，每月超過2次（每年24次）的有5％，每週超過1次（每年51次）的有1％。只看極端情況，女性的頻率也是較低的。在將近6000個女性中，只有7人或8人在5年內的平均頻率超過每週1.5次（每2週3次），只有4人超過每週1次，其中1名是30歲以上的未婚女性，2名或3名是40歲以上的已婚女性。有些女性由於種種意外情況，可以在一夜之中有2次或3次性夢，但這樣的人特別少，而

且幾乎沒有延續到一週以上的。

但是男性中卻有人每週做4～7次性夢，有些人甚至在連續幾年中都高達每週14次，即每天2次。因此，在所有性行為中，只看最高頻率這個指標，唯有性夢這個行為，女性低於男性。我們在前一章曾說過，就自我刺激並達到性高潮的頻率而言，雖然有些女性終生只有過1次或2次，但是也有女性曾經在僅僅1個小時內就達到過100次。在男性自我刺激中，絕對沒有這麼高的頻率。女性在性交合中達到性高潮的最高頻率，也是任何一個性高頻男性所不能相提並論的。只有在性夢中的高潮頻率這個方面，女性所達的上限是唯一一次低於男性的上限。因此，在那些主要依賴肉體刺激的性反應中，極端的女性超過男性，但是在主要依賴心理刺激的性反應中，例如在性夢中達到性高潮，則是男性超過女性。

在自我刺激中，約有2％的女性僅靠幻想就可以達到性高潮。這說明，這些女性具有高水準的心理反應，但即使是她們，在性夢達到高潮的頻率方面，也並沒有達到男性的平均水準。女性在清醒時有相對較強的心理反應能力，但是這為什麼並不能使她在睡夢中也達到同一水準呢？這個問題有待進一步探討。

與年齡和婚姻狀況的關係

年輕女性中性夢發生率低，年長女性中性夢發生率高。從青春期開始到15歲，有過性夢高潮的女性只有2％，而40～50歲的卻是22％到38％。但是如果年齡再大，發生率又下降了，70歲以上的只有1人。

男性發生率的頂峰是在15歲以後或20～30歲，比女性的頂峰期早了約20年～30年。在做任何男女的比較研究時，都必須注意這一點：在很大程

度上，依賴心理刺激的性行為方面，女性的發育是如此之晚。

　　儘管發生率隨年齡的增長而升高，但頻率卻幾乎沒有變化，從青春少女到至少65歲的老年婦女，平均頻率都是每年3～4次。

　　單身者的發生率較低一點，已婚者的發生率較高一點，曾婚者的發生率又高一點。單身者發生率的頂峰期是在40歲（22％），已婚者的是在50歲（32％），曾婚者的是在55歲（38％）。值得注意的是，婚姻狀況和頻率也沒什麼關係，單身者、已婚者與曾婚者都低於每週0.1次。有些女性婚前沒有性夢，婚後的性經驗肯定會增強她們的想像力，曾婚者應該增強得更多，但是如此巨大的經驗力量，卻沒有提高女性性夢的平均頻率。

與受教育程度的關係

　　無論是累計發生率或年齡發生率，還是性高潮頻率或在釋放整體中的比重，女性的受教育程度都與此沒有關聯。

　　但是，男性夢遺的頻率直接受教育程度的影響。男性受教育越高，想像力就越發達，心理反應能力也越強。單身的大學教育程度的男性的頻率是國中教育程度男性的3～4倍。但是在女性中，受過大學和研究生教育者的頻率，卻不高於國中和高中程度者。

與時代的關係

　　40年來，累計發生率和年齡發生率都沒有什麼變化。出生於1920年以後的女性的發生率稍有提高，但是她們的頻率與過去40年出生的女性竟然沒有任何區別。如果真如人們通常相信的那樣，社會控制女性的心理發育，在這40年裡，上述指標多少也應該有一些變化才是合理的。

　　在過去的40年裡，女性在我們社會體系中的地位，已經發生實質性的

變化。在家庭裡，她們的地位一直在明顯地改變；在工商業中，她們的地位已經發展到40年前不可想像的地步——在國家政治權力中，她們已經獲得一些地位，她們積極參與市政的、州務的和國家的事務，而這些情況是她們的祖母連夢都不會做的。

40年前，女性中上過大學的只有7％，而到1940年時已達約15％，讀研究生和博士學位的女性也大量增加。即使那些沒上過大學的女性，其受教育程度也已大大提高——40年前，沒有讀完國中的女性佔67％，現在已降到只有18％～20％。高中的情況也是如此。

但是，女性中有過白日性幻想的和有過性夢的人數及由此達到性高潮的頻率，卻仍然與她們的祖母那一時代的一樣。由此看來，透過心理刺激達到性喚起的能力，確實植根於文化的更深層次之中。在一個女性的一生中，在她心理上的性能力的發展過程中，顯然存在一個不可逾越的界限。

與青春期開始早晚的關係

我們的調查發現發生率和頻率都與這無關。

與宗教信仰的關係

這個方面的差異不在於信仰什麼教，例如猶太教、天主教，還是新教，而在於信仰程度的深度。越虔誠的宗教徒，其發生率越低，也許是因為她們的實際性經歷最少，所以沒什麼可做夢的。

但另一方面，不同宗教的信仰者一旦開始做性夢，其頻率就一樣了。這種情況與在自我刺激方面一樣。我們很難理解，宗教信仰力量曾經在那麼多年裡成功地阻止一個女性做性夢，為什麼在她開始做性夢後，就無法再發揮同樣的作用了。

與其他性行為的關係

在性釋放整體中的比重

如果不考慮婚姻狀況，那麼平均比重為2%～3%。這個比重很低，原因：一是各年齡段中確實有四分之三或更多的女性從未在性夢中達到性高潮；二是高潮頻率總是很低。

在較年輕的單身者中，性夢所佔比重只有2%，在較年長的已婚者中，性夢所佔比重是4%。因此，在45歲以下的單身女性中，性夢就是除了與動物的性行為之外，比重最小的一種性行為。

在較年輕的已婚女性中，性夢所佔比重只是1%，不過它隨年齡增長而逐漸提高，到45歲以後，已經有3%左右。對任何年齡段的已婚者來說，與動物的性行為和同性性行為是所佔比重最小的，但是性夢僅居其次。

曾婚女性的性夢所佔比重顯然高得多，較年輕者為4%～5%，較年長者則達到14%。

由於所有女性的頻率都非常一致，所以上述所有比重的差異，都不是由頻率高低造成的。其他性行為的頻率變化造成這種差異，主要是親暱愛撫、性交合、同性性行為。這些性行為的頻率，至少有很大一部分必須由另一方來決定，因此在不同年齡和不同婚姻狀況或其他不同條件下，必然會有很大的差異。

長期以來，人們非常普遍地認為，性夢高潮給那些戒除其他性行為的人提供了一個「自然的」性釋放途徑。因此，當其他性行為不允許發生或無法從事時，在性夢中釋放性能量就很具有安全價值了。有些作者堅持說，性夢高潮只可能在某些情況中發生，例如處女未婚、妻子在性交合中始終達不到性高潮、丈夫不在、婚內性生活因故中止等。

　　這種理論在道德上具有非常重要的意義，因為它承認性夢是一種可以接受的性釋放形式。猶太教和天主教的戒律都認為，唯有婚內插入陰道的性交合，或導致插入交合的某些有限行為，才是實現性的首要功能——生殖的自然方式。既然性夢不可能為生殖這個目標服務，兩大教就都認為它在道德上不可接受。當然，如果不是有意地去尋找性夢，那麼它也可以作為禁欲的一種「自然補償」而受到一定限度的寬容。不過，對有意去做的性夢，天主教戒律必定嚴懲不貸。

　　這種自然補償理論認為，即使一個人長期禁欲，生理緊張也會透過性夢而解除。接著他們把這個假設當作事實依據，進一步推論並宣稱：「任何生物學或醫學的理由，都無法論證人們在婚前不可能做到完全的禁欲和貞潔，無論男女。」但是我們的調查發現，性夢高潮的所謂補償功能根本就沒有任何科學資料作為依據。如果哪位正在禁欲的人能證明這種補償，歡迎他（她）通知我們，以便進行科學的研究。

　　上述道德說教主要是針對男性，但有時也擴大到女性。

　　1920年代的一位學者堅持宣稱：女性如果戒除其他性行為，則必定每30天有一次性夢高潮來釋放其性能量。另一位學者則說每4～5天就必定有一次。但他們都缺乏有用的證據。我們根據所調查的7789名女性情況，做出以下一般分析：

1. 這7789名女性，黑人女性和女犯也包括在其中。這些人中有1761名一生中曾經於性夢中達到過性高潮，但其中只有251名（14%）看來以此補償其他性行為的缺乏。

2. 大多數這種補償現象出現在其他性行為銳減或中斷的時候。如果這個女性之前沒有體驗過性夢高潮，當其他性行為銳減時，她就有出現性夢高潮的可能。我們在調查中發現了大約200個類似的例子；如果該女性之前已經有過性夢高潮的體驗，那麼此時其頻率就有增加的可能，例如：當妻子主要依賴於婚內性交合，而監獄中的女犯當然就是一種明顯的例證。在經歷過性夢高潮的208名女犯中，入獄後發生率或頻率明顯增加的有140名（68%）。在這140名女犯中，只在獄中才經歷性夢高潮的是62名，入獄後才增加的是23名。

3. 唯有在人際性行為（而不是自我或獨自性行為）銳減或產生不協調之後，性夢高潮的發生率或頻率才會增長。但這樣的例子實在太少了，不足以對總發生率或總頻率產生影響。

4. 幾乎在所有例子中，性夢的補償功能都不可以得到確證。通常情況是，其頻率的增長只是整整一年之中有了幾次增加而已，而與此同時，人們希望透過性夢予以補償的性行為，卻以每週數次的頻率在進行著。

5. 與確有補償現象的例子相反，在1761名女性中，其性夢高潮正好是隨著其他性行為的增加而增加的，大約有117名（7%）。在婚女性的性夢高潮頻率，比同年齡段的單身女性要高，同樣是這方面的有力證據。

6. 1761名中有183（10%）的性夢高潮，正好首次發生在她們開始其他一種或更多種性行為的同一年中。其中與自我刺激同年發生的佔33%，與親暱愛撫同年發生的佔34%，與性交合同年的約佔48%。

7. 有些女性的性夢高潮，是其他高頻率性行為的延伸或添加物。最為極端的一個例子就是，一位女性具有連續高潮的能力，其平均每週性釋放的次數接近70，因此她的性夢高潮也多達每週2次。

8. 在一部分女性中，高頻率性夢高潮與高水準性反應之間是正比例關係。74名性夢者高頻，她們在至少連續5年中，平均每週至少出現一次性夢。她們之中每次性交合都能達到性高潮者（高潮的發生率為100％）佔89％之多。與此形成鮮明對比的是，甚至在結婚20年之後，全體在婚女性中能達到這個水準的，也不超過47％。性夢高頻者中，還有39％的人能在性交合中體驗連續性高潮，而在女性整體中卻只有14％。把性反應水準和性夢高潮頻率進行比較，會得到相同的結果。性反應能力比平均水準高的女性中，性夢中達到過高潮的人佔58％，平均水準者中只佔30％，低於平均水準者中只佔12％。

9. 性夢與自我刺激，與自我刺激時是否伴有幻想，有一定關係。在從未做過性夢的女性中，68％也沒有過自我刺激，19％有過伴隨幻想的自我刺激；而在做過性夢的女性中，這兩個指標分別為47％和35％。

10. 有些女性的性夢與其他性行為，既相互補償，同時相互促進。有人的性夢與其他性行為開始於同一年，但婚後性行為有所增加，性夢卻中止了；也有人只是在婚後性行為增加時，性夢才出現，但丈夫離家時，性行為中止了，性夢卻增加了。一般來說，生理因素可能主要對性夢產生的效果是否定或消極的，而影響性夢的心理因素所發揮的主要作用可能是肯定或積極的。

11. 在1761名做過性夢的女性之中，其性夢多少與其他性行為多少沒有顯著關係的人佔79％之多。性夢高頻者中，有些人在其他性行為方面是高

頻，但有些人卻是極低頻。在其他性行為高頻的人裡，有些人卻從來沒有做過任何性夢。甚至有些人心理反應能力極強，卻只表現在其他性行為之中，反而沒做過性夢。因此我們的觀點也仍然是：11％的人是性夢與其他性行為相互補償，7％的人是性夢與其他性行為相互推動成正比，79％的人是性夢與其他性行為沒有顯著的關係。

性夢的內容和男女之間的比較

　　不管性夢中有沒有性高潮，其內容是異性性行為的佔85％～90％。至少夢到一次實際性交合的有30％～39％，夢到過沒有性交合的異性親暱愛撫的有17％～38％。

　　性夢中的男性一般都是模糊和不確定的，經常是完美個人的典型。做夢的女性並不總是充當夢中的角色，卻往往作一個旁觀者。許多異性性夢中都有明確和大量的人際交往內容，而沒有實際的肉體接觸。儘管這類性夢實際上並沒有什麼性的意義，但它們畢竟和男性常做的那種鮮明的性夢不同。

　　做過同性性行為的夢的女性約有8％～10％。這與實際有過同性性行為的女性的比例非常接近，顯然兩者有內在關聯。

　　夢見過與動物進行性行為的女性約有1％，夢見過施虐與受虐行為的有1.5％。

　　夢見過懷孕或生孩子的女性約為1％～3％。值得注意的是，許多女性把這也當作「性夢」而向我們報告。由於10個女性中就有9個做過這樣的夢，而且許多人都不認為這是性夢，因此懷孕和生育夢並不導致性高潮。目前，生理學和心理學並不能證明生殖功能與性喚起之間有什麼關聯。許多女性之所以認為這是性夢，是因為她們在理智上認為性行為與生殖有關。

無論是男性還是女性的性夢，都經常反射著他們實際具有的性經歷。但另一方面，也有一些女性的性夢內容已超過她們的實際性經歷，這個比例約為13％。在622名女性（包括黑人）中，36％的人夢見過性交合而沒有性高潮，10％的人有性高潮，16％的人伴隨著其他夢境；對於夢見過同性性行為的人來說，三項指標分別為1％、7％、23％；對於夢見過懷孕和生孩子的人來說，分別為13％、2％、15％；對夢見過親暱愛撫的人來說，分別為6％、1％、7％；對夢見過被強姦的人來說，分別為1％、2％、6％。

　　如果夢到從未經歷過的性行為，可能表示她渴望在實際生活中實踐那種性行為，可能表示因沒有機會實踐而產生的某種缺憾，或者表示她一直在避免實際出現這種行為。佛洛伊德及其精神分析學派相信，夢的內容代表被壓抑的欲望的內容。我們也發現，不少女性曾經在夢見自己從事那些實際生活中難以實現的性行為時，確實獲得相當大的快感。

　　但是另一方面，性夢中的某些內容，例如被強姦，卻是女性所不願甚至恐懼的。看來這些只是一般的噩夢而已。

　　絕大多數女性並不會猶豫自己曾經做過性夢而自尋煩惱，但是也有一小部分人對性夢的道德意義而焦慮不安。不過，女性由此產生的焦慮和產生焦慮的女性都要少於男性，這可能是因為男性經常會在性夢中射精，所以導致更多的煩惱。在大多數情況下，女性都會把性夢視為一種快樂的經歷，而且經常給它賦予一些附加的重要性和意義。

第五章

婚前的親暱愛撫

在前兩章中，我們對論過自我刺激和性夢，它們都是一個人從事的性行為，並不與其他人有關係。這兩種性行為大約佔到四分之一左右的女性性高潮總量。異性親暱愛撫、異性性交合和同性性行為是三種最主要的人際性行為，這三種性行為大約佔四分之三左右的美國人性高潮總量。但是由於人際性行為的社會意義遠大於獨自性行為的社會意義，所以它們的重要性要遠大於它們所佔的比例。在進行人際性行為時，兩個人的刺激與反應相互作用，這對每一方來說意義都很重大，而且這樣的相互作用可以形成一種情景，一種氣氛，這樣的作用比任何一方所做的直接動作都大得多。因此，我們要更仔細地研究這三類人際性行為，特別是要注意它們的社會意義。

簡要介紹

定義

性交合：指男女之間彼此生殖器的直接插入。男女之間沒有生殖器直接插入式的性交合，而是僅有肉體上的接觸，也屬於人際性行為的一種。現在的美國青年一般都稱它為「親熱」或親暱愛撫。現在美國的年輕一代中，每個男女幾乎都發生過婚前親暱愛撫，就連稍微年長的未婚者中也不少見。

不管是在婚前還是婚後，親暱愛撫都可以當作實際性交合的準備活動或前奏。但很多美國男女在結婚之前都把親暱愛撫當作性行為的結束活動或尾聲。可能是因為雙方僅僅想要親暱愛撫本身帶來的直接滿足感，但是也可能是雙方用親暱愛撫來迴避直接性交合。這是因為，儘管有些人固守道德，非常批判婚前親暱愛撫，但是他們畢竟還承認，親暱愛撫並不等於婚前性交合。因此，許多男女都採用親暱愛撫來迴避性交合。此外，正如年輕一代的行為，他們在幾乎任何時間和任何地方都可以進行親暱愛撫，但是婚前性交合在這些時間地點卻不總是適合的。況且，性交合可能導致懷孕，但是親暱愛撫卻沒有這個問題。進一步來說，在一些社會群體中，親近是一種習以為常的行為。例如，對於大多數高中生和大學生這個群體就是如此。所以，在這些群體中，也就會接受親暱愛撫，一般他們在親暱

愛撫之前或之中，兩個人總是在跳舞、喝酒、駕車兜風或從事其他社交活動，這些群體喜歡這些社交活動。

我們對親暱愛撫的定義是：一種有意的、想要引發性喚起的肉體接觸。大多數有過親暱愛撫的男女，都直接承認親暱愛撫在性質上來說是一種性滿足手段，有其性意義。但是，有些接觸可以引發某種程度的性喚起，然而在動作上並沒有達到親暱愛撫的程度，標準的親暱愛撫行為和性喚起沒有什麼必然的關聯。所以我們才特別強調「有意」，意思是必定要有引發性喚起的意圖。在我們以下的分析與資料中，都嚴格按上面的定義使用這個術語。

在美國青年中，流行很多更加細膩的而且互有區別的辭彙，例如「親熱」不同於親暱愛撫，「輕拂」不同於「猛揉」，還有很多其他不同的辭彙。但是，所有這些只不過是表達的技巧不同，或者是觸及身體的部位不同，或者是引發的性喚起在程度上有不同。我們所用的術語包括了上面所有辭彙，下文中還要細緻地一一分析。

對於已婚者，他們所使用的有些方式的親暱愛撫幾乎不可避免地會造成直接性交合。這同樣適合於在婚外的親暱愛撫，但是有兩種情況是不包括在下文中的。

不是只有成年人才有親暱愛撫，嬰兒、幼兒、兒童都有類似的行為，也就是我們在第二章談到的前青春期的性遊戲。兩者的實質是相同的，不同之處在於成年人從中獲得更明顯更大的性滿足。

實際上，許多哺乳動物都有很多並不導致性交合的性遊戲。在性喚起的時候，大多數哺乳動物都互相侵依、擠靠，並且用牠們的嘴巴、腳爪、鼻子互相摩擦或要弄對方的身體。牠們的接觸也包括脣對脣和舌對舌，也

會用嘴巴摩弄對方全身的各個部位，包括生殖器在內。這樣的活動持續的時間有數分鐘、數小時，有些情況下甚至可以持續數天，然後才想進行真正的性交合，不過有些動物最終也沒有進行真正的性交合。許多哺乳動物之中都存在性遊戲，確實有科學考察記錄的動物主要有：貓、獅子、狗、浣熊、牛、馬、豬、羊、老鼠、野豬、兔子、水貂、黑貂、猿、倉鼠、箭豬、白鼬、臭鼬、猴子、黑猩猩、水獺等等，牠們也使用各種技巧。在其他哺乳動物中，人類的技巧和情景幾乎全部使用和出現過。

很多哺乳動物，一旦找到性夥伴就忙著進行性交合，但是也有一些動物則傾向於盡量增加性交合之前的活動，還有一些動物儘管有許多性遊戲，卻根本不去進行性交合。在這個方面，人類中存在的巨大個體差異，在較低等的動物之中也同樣存在。

其他哺乳動物的親暱愛撫，與人類一樣，或許比人類更明顯更常見，同樣是主要由雄性主動發起，然後直接針對雌性，當然，這不是絕對的情況。同樣與人類一樣，在其他哺乳動物中，也是雄性更易於因心理因素引發性喚起，而且一般是早於發生任何實際的肉體接觸，也是雄性主動做出貼靠、撕咬、探察、搯摸、吮吸等動作，而且大多數口與生殖器的接觸也是由雄性主動發起的。

於人類一樣，每次完全的性交合幾乎都是雄性動物主動發起的。只有在生殖週期使雌性具有最強的性反應時，大部分雌性才會接受性交合。只有一部分物種的雌性，在這種情況下會主動發起親暱或性交合活動，甚至變得具有攻擊性。這也和人類是女性相似。

與人類男性一樣，哺乳動物中的雄性，有時會在無性交合的親暱愛撫中或在交合之前射精。但是，並沒有確切資料能夠證明：雌性動物會不會

在無性交合的活動中達到性高潮。

　　人類可以運用比任何其他哺乳動物多得多的技巧，這是因為人類的生理構造，尤其是雙手。人類的活動可以有更明確的目標和計畫，還可以隨著自己的心意有意地延長。但是，在性交合之前的親暱愛撫活動這個方面，人與動物的區別並不是很大。

　　生物進化產生無性交合式的親暱愛撫，並且如此之多的技巧只是進化到哺乳動物階段時才出現的。因此，從生物學角度看，親暱愛撫是一種自然的、正常的和符合人類天性的行為，而不是一種由人類智慧發明出來的變態行為。經常有人斥責親暱行為，但是從生物學角度來看，變態是把親暱愛撫視為「違反天性的動作」，是被禁止和鎮壓的行為。

　　許多人不承認哺乳動物的發展進化產生親暱愛撫，總是認為它是當代由美國青年發明的，是個性過於發達、道德崩潰和教育過於發達的產物，是大都市文化的產物。還有一些人認為，這種道德崩潰必然會毀滅了整個人類文明。

　　但是，事實上，老一代人也曾經做過調情、打情罵俏、面對背地貼身而臥、追逐求愛、擁抱、動手動腳、呵癢、接吻、嬉鬧、挑逗性欲，以及其他種種活動。這些其實都是親暱愛撫，但是老一代人不承認這一點，卻用別的詞語來稱呼它們。有歷史資料為證，在人類中，很多的親暱愛撫技巧，已經有數千年的歷史了。現在這一代青年人的一切愛撫技巧，早已詳而又詳地在印度梵語文學、中國和日本古典文學、希臘和羅馬的歷史資料，以及早期阿拉伯和歐洲文學中描述過了。創作於西元前700年到西元300年之間的一些古代祕魯的詩集，描述了當今一切愛撫技巧和所有的性交合技巧。猶太教和基督教嚴格禁令無性交合的親暱愛撫，是因為它違背了

性活動的首要目標——生殖。但是這些禁令也正好顯示，親暱愛撫在人們中間，至少在這些禁令發布之時，是極為普遍的。各種遊記和人類學報告都證明，許多原始群體中的親暱愛撫行為也是一樣的內容，一樣的普遍。這強有力地證明這些行為是來自人類生物根源的，是源自所有民族的遠古祖先的。

如果一定要指出現在美國青年的婚前親暱愛撫的獨特之處，是他們的親暱愛撫的整體發生率和實施的頻率，是他們的親暱愛撫在美國性行為總模式中所佔的地位和意義，是當代美國青年從事這些活動時所表現出來的坦率態度，而不是親暱愛撫的出現與當代美國青年所用的技巧。

我們只能揭示當代的情況，最多也只能追憶考察到50年前的情況，但是我們有充分的理由相信，即使是在再老的幾代人中，親暱愛撫行為至少也不比現在少。這是因為，我們同樣調查過出生於1890～1900年之間的一代女性，結果發現她們之中竟然有約80％的人曾經有過親暱愛撫。但是人們一直認為那個年代的女性是規矩正經的，就連她們自己也一直這樣自稱。很顯然，即使在那個時代，親暱愛撫也是最普遍的一種婚前性活動。

和年齡的關係

累計發生率

到15歲，也就是高中一年級剛開始的平均年齡，已經有過異性間親暱愛撫經歷的女性有40％。到18歲，也就是到高中畢業的平均年齡，已經有過這樣經歷的女性有69～95％。在所有被調查者中，約90％的女性在婚前有過某種形式的親暱愛撫；已婚的女性中有過親暱愛撫的佔到近100％。

不過，在親暱愛撫中出現了性喚起的女性只有80％，對於女性中的已婚者，約有97％的人在親暱愛撫中出現了性喚起。對於全體女性，約39％的人在親暱愛撫中至少偶然達到過性高潮。

每個年齡的發生率

在每個年齡段內，在所有有過親暱愛撫的女性中，佔極大比例的是仍然未婚的女性。15歲之前的比例是89％，16～25歲之間的比例是88％，26～30歲之間的比例是83％，31～35歲之間的比例是78％，36～40歲之間的比例是70％。

在15歲之前，也就是青春期剛剛開始之後，只有3％的女性曾經在親暱愛撫中達到過性高潮，但是在15～20歲之間卻佔23％，在20～35歲仍然未婚的女性中有31％～32％。如果年齡再大，那麼比例開始下降。在55歲仍然未婚的女性中只有7％。

顯然，親暱愛撫是一種較年輕者的活動，它的發生率在較年長者中有所降低，但原因並不是生物或生理的老化。對50歲以上，甚至60歲以上老年婦女來說，實際上年齡因素所發揮的作用很小。主要是因為，這些老年婦女都是20世紀之前出生的，而那個年代的女性很少透過親暱愛撫而達到性高潮。並且，那些如此高齡卻仍然未婚的女性，從年輕時候起，她們就認為親暱愛撫是一種道德上的罪過，所以就想躲避它。其他原因可能是她們不被男性所吸引，或者她們不能吸引男性，所以她們才沒有從事親暱愛撫的機會。隨著年齡的增大，一方面，在年齡上可與她們相配的未婚男性急劇減少，另一方面，由於許多男性對比自己大的女性不感興趣，所以她們又幾乎沒有機會與比自己年輕的男性進行親暱愛撫。除此之外，有些老而未婚的男性去從事同性性行為了，這樣又減少她們的機會。最後一點，較老的男性只對那些確實能帶來實際性交合的性關係感興趣，對那些不願意接受實際性交合的女性沒有興趣，他們不想與她們進行親暱愛撫，甚至不想和她們約會。因此我們以為，導致年長女性中親暱愛撫發生率下降的，是選擇與淘汰，而不是生理的老化。

實施頻率

　　因為種種緣故，我們沒有記錄所有女性親暱愛撫的總實施頻率，只是記錄和計算了她們在親暱愛撫中達到性高潮的頻率。這是因為，一般社交接觸和人際性接觸的差別非常微妙，如果不以是否達到性高潮為標準來鑑別，即使是當事人自己現在也沒辦法回憶起當初到底有多少次接觸是人際性接觸，多少次不是人際性接觸。再者，親暱愛撫的發生沒有什麼規律，可能是非常頻繁的，一週有幾次，甚至一下午或一晚上就有好幾次，但也

可能不頻繁，好幾個月都沒有一次。因此如果不按性高潮次數來計算，除非當事人逐日記下性行為日記，她也實在難以說出平均頻率。

因此，對於女性親暱愛撫的實施頻率，我們只能進行粗略的估計。發生率最高的階段是15～35歲之間的未婚女性，她們的實施頻率是每週一次到每月一次之間，平均起來約是每兩週一次。

透過親暱愛撫達到性高潮的頻率

在這個方面，個體差異影響很大。從來沒有在親暱愛撫中達到性高潮的女性有61%。有些人只在婚前有過一次。另一些人在婚前5年到10年甚至更長的時間裡，每週都有7～10次。頻率高的女性大多數都具有連續性高潮能力。

在性釋放整體中所佔的比重

雖然親暱愛撫是最普遍的一種性行為，但是由於它不一定總是達到性高潮，因此在釋放整體中所佔的比重並不是很大。即使在結婚之前，自我刺激與性交合所佔的比重也大於親暱愛撫。

對於從青春期開始到15歲的女孩，親暱愛撫所佔的比例只不過是4%。從15到25歲，該比例增加到約18%。在15～20歲之間的時候，親暱愛撫是重要的一種人際性行為，但是到20歲之後，它的比重小於婚前性交合的比重。25歲之後，它的比重越來越低。到40歲時，它只有5%。到50歲時只有3%。從25到40歲，佔釋放整體的75%～90%是自我刺激與婚前性交合。

持續的時間

8%的人持續在一年以內，其中大多是國中以下教育程度者，受教育較

高者則很少。約15％的人持續2～3年，23％的人持續4～5年，近40％的人持續6～10年。女性整體平均持續時間是6.6年。

但是，女性結婚的早晚決定持續的時間。因此，在30歲以上卻仍未結婚的女性中，就有73％的人持續發生親暱愛撫達11年或更長時間。

涉及對方的人數

許多的女性開始發生親暱愛撫是在高中的最後2年或3年中，這段時間裡，她們的男伴數量是最多的。當然，男伴的人數在高中畢業之後會更多。但是這是由於從畢業到結婚還有許多年，因此人數是累計增加的，而高中最後3年是單位時間內男伴最多的。

我們對已婚女性（因為她們不會再有婚前男伴了）進行調查，結果顯示：只佔10％的人在婚前僅僅與一個男伴進行過親暱愛撫；32％的人與2～5個男伴有過親暱愛撫；23％的人與6～10個男伴有過親暱愛撫；35％的人與超過10個男伴有過親暱愛撫；最多的可以達到100個男伴或更多。儘管這些親暱愛撫很可能產生實際性交合，但從結果看來，即使是最嚴謹的女孩，在婚前也絕對不會僅僅與一個男伴（未婚夫）進行親暱愛撫。

各種社會因素的綜合作用

　　從我們的調查來看，受教育程度和發生率沒有太大的關係。主要原因是結婚年齡的不同。例如，在20歲時，國中程度的女性中，33%的人已經結婚；高中程度的女性中是25%；大學程度的女性是13%；而在研究生程度的女性中僅為6%。因此，如果我們不按自然年齡來統計，而是統計到結婚之前，女性中累計有多少人發生過親暱愛撫，國中、高中、大學、研究生這幾個階層的累計發生率幾乎是相同的。例如：如果我們只統計那些到20歲已經結婚、到18歲就已經有過親暱愛撫的女性，在高中程度人群中佔94%，大學程度人群中佔97%，研究生程度人群中佔93%。再統計那些在21～25歲之間結婚的女性，各個受教育程度上的發生率也很接近。因此，女性中有多少人發生親暱愛撫，關鍵並不是這些人念了多少年書。我們認為這個方面差異很小的原因，也許是女性總是到實際結婚之前的數年才開始與人親暱愛撫，也許是她們與人親暱愛撫一段時間後必然會結婚。所以，她們就是在結婚早晚上有差異，而沒有教育程度方面的差異。

　　但是在男性中，教育程度對親暱愛撫的發生率影響很大，例如：大學程度者是59%，高中程度者不多於30%，而國中程度者僅為16%。由此看來，男性成長的那個群體的性態度對他的影響更大，但是女性受到的群體控制卻非常少，這也是男女之間最大的差異之一。

　　在親暱愛撫中達到性高潮的頻率方面，各種教育程度的女性也差不

多，平均為5～10週一次，即每年5次到10次。由此可見，受教育的程度、從屬的哪個年代、宗教信仰程度等社會因素，只是影響女性首次開始親暱愛撫的早晚，一旦她開始從事親暱愛撫，這些社會因素就都不再產生作用了。

表面上看來，親暱愛撫在女性性釋放整體中所佔的比例方面，似乎有很大差異，例如15歲之前有3％～8％，15～25歲有18％左右。但如果我們把婚姻狀況這個因素考慮進去，差異就沒有那麼大、那麼明顯了。這是因為對於到40歲卻仍未結婚的女性來說，親暱愛撫在她們的性釋放整體中不超過4％～5％，很顯然，無論年齡多大，未婚女性的情況都是差不多的。

女性的家庭出身和她親暱的狀況也沒有太大的關係，女性無論出身於哪個社會階層，無論是體力勞動者還是專業職務者，她在婚前的親暱愛撫累計發生率都接近90％，實施頻率和家庭出身也極少有關係。

儘管美國女性中的親暱愛撫行為已經存在了幾十年、上百年了，但是在1900年以後出生的這一代女性中，親暱愛撫變得更為普遍，然後其發生率持續上升。直至今日，在所有影響女性性行為的諸社會因素之中，這是最突出的一例。

到35歲時，對於1900年以前出生的女性來說，有過婚前親暱愛撫的有80％，對於1900～1909年出生的女性來說，這個比例達91％，對於1910～1929年出生的女性來說，這個比例已經接近99％。

到35歲時，對於1900年以前出生的女性來說，在親暱愛撫中達到性高潮的約有26％；對於1900～1909年出生的女性來說，這個比例約達44％；對於1910～1919年出生的女性來說，這個比例約達53％。

越是年輕一代的女性，她們開始進行親暱愛撫時的年齡就越小。對

於1900年以前出生的女性，到18歲時才有一半人開始這樣做，對於1920～1929年出生的女性，到16歲時就已經有一半人這樣做了。在女性的其他性行為中，除了婚前性交合，這樣巨大的世代差異是沒有過的。當然，對於1900～1909年出生的女性來說，這個方面沒有很大的變化，這是因為她們的青春年華正是第一次世界大戰和戰後時期。

對於1900年以前出生的女性來說，在16～20歲的5年內，在親暱愛撫中達到性高潮的人只有10％，而對於1920～1929年出生的女性來說，在同樣的年齡段內，這樣的人卻達到28％。在21～25歲的5年內，在最老一代女性中，在親暱愛撫中達到性高潮的人只有15％，而在最年輕一代的女性中卻達到37％。雖然在國中和高中教育程度的女性之中發生這種變化，但變化最大的是大學教育程度的女性。因為在老一代女性中，在行為上受到禁錮最大的是女大學生。也正是由於第一次世界大戰之後女大學生中出現了如此巨大的變化，受教育程度不同的現代女性中，這個方面的差異才不再顯得那麼大。

發生率隨際遇增加而增加，與此相反的是，在幾代女性中，透過親暱愛撫達到性高潮的頻率都沒有什麼大的變化。在任何一代中，大多數女性都只不過是每年有4～8次，即使拿最老的一代與最年輕的一代相比，情況也是相同的。

第一次世界大戰之後，透過親暱愛撫達到性高潮的發生率上升了，所以它在性釋放整體中所佔的比重也就增加了，表現最明顯的是大學教育程度的女性。對於1900～1909年出生的女性來說，她們的親暱愛撫在性釋放整體中的比重，竟然是1900年以前出生的女性的2～4倍。

女性青春期開始的早晚對她們親暱愛撫的各項指標沒有太大的影響。

當然，較早開始青春期（11歲或12歲）的女孩，她們親暱愛撫及達到性高潮也比較早。但這是因為男性很少與未到青春期的幼女親暱或性交，而不是由女性生理發育導致的結果，不過她們一到青春期，男性就開始這樣做了。

儘管如此，男性和女性在開始親暱愛撫的早晚方面仍然有很大的差異。男性開始這麼做大多是在青春期初始的時候，例如在青春期開始後的第一年中，已經開始親暱愛撫的男性約有55％。也正是在同一年中，大多數男性開始自我刺激，開始夢遺，有些人也開始異性性交合或同性性行為。但是女性則不是這樣，平均來說，她們直到15歲或16歲──也就是在她們進入青春期平均3年或4年之後──才開始親暱愛撫的，導致這種差異的原因可能是男女性激素的不同。

城市女性與鄉村女性，在親暱愛撫方面也稍微有點差異，但是差異不大。有一些研究者認為，城市和鄉村是兩類社區，它們有不同的人際性交往的機會，不同的受教育程度和宗教信仰程度，因此城鄉的性行為模式也一定有很大差異。但是我們的調查資料並沒有證實這種假設。

在女性中，宗教傳統是禁錮親暱愛撫及其性高潮的主要來源。它們局限了親暱愛撫女性的人數和其頻率、時機和場合，還局限了愛撫的方式與技巧。公眾對親暱愛撫的態度和想法在極大的程度上是由宗教傳統形成的，因此宗教的禁錮作用不僅影響了虔誠的教徒，還至少在某種程度上，影響了那些沒有直接參加任何宗教組織的人。

到35歲時，對於未婚的消極女新教徒來說，親暱愛撫的累計發生率是96％；但是對於虔誠的女新教徒來說，這個比例卻沒超過85％。

在親暱愛撫達到性高潮的累計發生率方面，宗教傳統的否定作用更可

以表現得明顯。對於消極女教徒來說，有更多的人達到性高潮，信奉宗教的程度越高，發生率就越低得厲害。原因是，女性信奉宗教的程度越高，就會更加拒絕使用一些可以達到性高潮的愛撫技巧，或者更傾向於故意不讓自己達到性高潮。儘管宗教虔誠度並沒有禁止一個女性從事某些類型的親暱活動，但是它卻定了一個界限，如此使得女性不敢越過雷池一步。

我們調查了在16～20歲的5年中，在親暱愛撫中達到性高潮的人所佔的比例。對於虔誠新教徒來說是19％，對於消極新教徒來說是22％，對於虔誠天主教徒來說是15％，對於消極天主教徒來說是31％，對於虔誠猶太教徒來說是22％，對於消極猶太教徒來說是33％。

表面上來看，達到性高潮的頻率和宗教信仰程度沒有太大的關係。但是，由於性高潮頻率是由在親暱愛撫中運用什麼技巧和獲得什麼效果而決定的，由女性是否接受這些技巧和做出怎樣的反應來決定的。因此，我們需要格外注意這樣一個事實：儘管一個女性是最虔誠的教徒，但是如果她一旦在親暱愛撫中接受性高潮，以後也會和最消極的教徒一樣，頻繁地進行親暱愛撫活動。

為什麼會這樣呢？

對於一些女性來說，這僅僅是因為親暱愛撫總是有規律地在一個合適的情景之下發生，這讓她們在某種程度上習慣了這種活動，進而發展到性高潮。對於另外一些女性來說，因為經歷得比較多，所以她們能很坦然地接受這種接觸所帶來的滿足。此外，有一些女性考慮的更加理智——婚前親暱愛撫提供了一個較好的途徑和手段，可以讓她們能學會如何協調人際關係和婚姻關係。

信仰程度不同的女性，由親暱愛撫達到的高潮在她的性釋放總量中所

佔的比重不同，最少的只有2％，最多的有26％。

　　我們已經討論過各項社會因素的作用，但是我們還要注意的是，衡量女性性能力的尺度不是性的人際關係。自我刺激和夜間性夢都是獨自一人從事的性行為，即使這類性行為伴隨著對另一個人的幻想，但也主要是由當事人本身的性反應能力與性興趣所決定的。但是，親暱愛撫、異性性交合、同性性行為卻不是這樣，它們都屬於人際性行為，是由兩個人的性能力、性興趣與性渴望來決定的，決定於一個人是否願意適應另一個人。因此，對於任何一種人際性行為的發生率和頻率來說，都一定會有一個上限和一個下限。如果超過上限，性能力較弱的一方就會做不到；如果低於下限，性能力較強的一方又會不願意。如果想要持續雙方的關係，他們只能尋找一個合適位置，位於上限與下限之間。

　　因此，雖然說在某種程度上，可以用人際性行為的發生率和頻率來測量一方與另一方協調的意願與能力，但是不管是用來測量男性還是女性的性能力，都不是一個好辦法。

　　對於大多數異性性關係來說，多數情況是男性對提高接觸頻率最感興趣，因此也總是由男性來確定頻率的下限。與此相反，多數情況是女性最喜歡確定頻率的上限，超過一定的上限她們就不同意。當然，有時候也有一些女性比男性對性更有興趣。

　　按照我們上述的各項統計資料，對於仍然沒有結婚的15歲到35歲的女性，如果她們平均每兩週從事親暱愛撫行為一次，如果她們每年有三分之一的人達到性高潮的次數是4～6次，我們就可以得出結論：女性在100次親暱愛撫行為中，能達到性高潮的只有5到6次。除此之外，在這100次當中有很多次，她們根本沒有任何性喚起出現的表現。甚至還有些女性，在從事

親暱愛撫一年、兩年或好幾年之後才會出現性喚起，並且即使她們在開始有了性反應之後，在大部分的親暱愛撫中她們還是根本不知道性的意義為何物。所以，一半的親暱愛撫必須是由男性完全主動而發起的，並且在另外一半次數的親暱愛撫中，大部分也是由男性引導女性而發起的。因此，親暱愛撫的發生率和頻率與任何一種異性性行為的這兩項資料，都主要只能評價男性性興趣和性能力。

然而，女性達到性高潮的頻率，卻確實可以用來測量她自己的性興趣與性能力。所以，我們無論對於哪種異性性行為，都必須搞清楚兩件事，一是女性從事的次數的多少，二是女性達到性高潮的頻率又是多少。

不管是否達到性高潮，女性親暱愛撫的累計發生率在12歲到18歲的時候起伏都比較大，但是到21歲之後就差不多穩定下來了。這一點與男性形成鮮明的對比，他們的這個指標從青春期一開始就一直穩步地持續增長。

但是在另一方面，在很長一段時期內，女性在親暱愛撫中達到性高潮的累計發生率，卻是逐步穩定增長的，這可能是因為影響女性性反應的生物、心理和社會諸因素，在這段時間都是穩步增加的。對於女性在自我刺激中達到性高潮，以及在性夢中達到性高潮的累計發生率來說，它們也出現了類似的情況。這些情況才是最好的評價女性基本性興趣與性能力的標準。

親暱愛撫的各種技巧

從嚴格意義上說，美國女性與男性在婚前親暱愛撫中所運用的技巧，除了生殖器交合之外，還包括其他一切形式的肉體接觸。當然，那些發展為婚前性交合的女性，特別是那些婚前性交合最多的人，她們親暱愛撫的持續時間最長，也能最多地變換技巧。

簡單的接脣吻

一般來說，親暱愛撫的第一步都是身體接觸、依偎和簡單的接脣吻。如果一個人沒有經過這個階段，就不會投入到下一步的親暱愛撫當中。在我們所調查過的、有過親暱愛撫經歷的所有女性中，這樣做過的接近100％。在這個方面，不同年代的女性之間基本上是沒有什麼差異的。當然，也有很少數的女性特別極端地反對任何形式的口接觸，所以儘管她們贊成許多其他形式的身體接觸，卻不願意讓對方簡單地吻自己的口脣。簡單的接脣吻也可以引發性喚起，特別是當接脣時非常用力及接脣時間較長的時候。這種情況下，一些女性的性喚起僅僅是因為心理因素產生作用。當然，也有一些女性在簡單接脣吻中從未引發性喚起，或者只有極少次。

深吻

人們也稱深吻為「消魂之吻」、接舌吻或「法國式接吻」，它包括很多種情況，例如：舌與脣和齒內面的接觸、舌與舌的接觸、舌與脣的吮

唖、舌深入觸及對方的口腔內壁和脣內面，以及吮唖和溫柔地輕咬舌和脣等。在較低等的哺乳動物中，也都運用過所有的這些技巧，其區別在於人類男性與女性可以有意識地運用，並達到高出比哺乳動物很多的水準。由於人類的脣、舌和口腔內壁裡有特別豐富的感受神經，因此刺激這些部位時，可以產生很強的效果。即使沒有生殖器的接觸，這種深吻也經常可以單獨引發性高潮。

那些沒有婚前性交合但有過親暱愛撫的所有女性中，接近70％的人運用過深吻技巧。對於有過婚前性交合的女性來說，這個發生率更是高達80％到93％。在這個方面，不同教育程度的女性之間也有一些差異。例如，對於婚前性交合次數達到或超過25次的女性來說，高中教育程度的人運用過深吻技巧有83％，而國中教育程度者運用過深吻技巧的卻高達98％。與我們在男性中所發現的情況一樣，女性如果受教育越多，那麼她們接受的社會對親暱愛撫技巧的禁忌就越多。有一些女性，從性接觸的開始就禁止或不願意使用深吻這種技巧，但是一旦她們出現了充分的性喚起，之前的禁忌就煙消雲散而投入到深吻之中。

在使用深吻的技巧方面，不同年代的女性之間有非常明顯的差異。對於所有沒有發生過婚前性交合的女性來說，1900年以前出生的人，只有44％的運用過深吻技巧；而1910年以後出生的人，卻有74％這樣做過。對於婚前性交合超過25次的所有女性來說，出生於1900年以前的那一代人，有過深吻經歷的佔82％；但是，出生在1910年以後的那一代人，有過深吻經歷的卻高達90％。

在較老的幾代女性中，深吻、用口來刺激乳房，以及口與生殖器接觸，是最受社會禁忌的親暱愛撫技巧。有時候，這些社會禁忌竟然出現在

「講衛生」的旗號中。但是，事實上，年輕的這一代人拒絕這種「講衛生」的理論。她們更多也更經常地使用各種口刺激的技巧，並且這對她們的健康並沒有什麼不好的影響。

刺激乳房

親暱愛撫中，主要的活動是男性刺激女性全身，以及女性在較小範圍內刺激男性的肉體。

在觸及和撫摸女性乳房時，男性，尤其是美國男性，可以得到相當強的心理刺激。許多男性在觀看或觸摸女性乳房時所觸發的性喚起，要比他在觀看或撫摸女性生殖器時所觸發的性喚起還強。對於女性來說卻不是這樣。

事實上，在男性撫摸女性乳房時，許多女性並沒有覺察到什麼特殊的刺激。當然，也有一些女性會因此引發性喚起，其中有極少數的人還會由此而達到性高潮。

對於沒有發生過婚前性交合的所有女性來說，約有72％的人曾允許男性隔著衣服或直接撫摸她們的乳房。對於較老的兩代人和受教育程度較低者來說，她們的發生率也差不多。那些有過婚前性交合但次數不多的女性，這個比例則上升為95％；在婚前性交合次數較多的女性中，這個比例竟然高達98％。

口接觸乳房

無論是哪個年代的，無論受何種教育程度的女性，都更加忌諱男性用舌或脣來觸弄她們裸露的乳房。這種禁忌與對男性撫弄自己乳房的禁忌相比，更加嚴厲得多。

許多女性都認為，如果她們接受任何一種口刺激，都會讓自己在性方面越走越遠，都會使得自己更極端地破壞現有文化中的道德傳統。在沒有發生過婚前性交合的所有女性中，只有30％的人接受口與乳房接觸。但是，另一方面，對於有過婚前性交合但次數有限的女性，有68％的人接受過這種行為；對於婚前性交合次數較多的女性來說，這個比例則達到87％。

在年輕一代的女性中發生率最高，尤其是受教育程度較高的女性中。舉個例子來說，在1920～1929年出生的這一代人之中，那些有過次數不多的婚前性交合的國中教育程度女性，她們的這個發生率是86％，但是在同一代婚前性交合次數很多的女性來說，這個比例則高達97％。

據說，美國男性對女性乳房的興趣，要遠遠大於多數歐洲國家的男性，而大多數歐洲國家的男性則是對女性的臀部更感興趣。根據人類學家的研究，在世界上許多地區的前文明部落裡，男性對女性乳房都是差不多完全地視而不見。根據我們對美洲熱帶地區居民的觀察，發現在那裡任何年齡女性的乳房也都是公然袒露的。這樣的實例說明，女性的乳房對那裡的男性根本沒有任何性刺激的意義，如果有的話，也是極小。在中國，多少個世紀以來，中國人似乎厭惡女性乳房的任何生理發育，而且認為這是「反性的」或「不能激發男性性欲的」。很明顯，心理制約和文化傳統在男性對女性乳房是否感興趣及興趣有多大方面發揮了很大的影響力。

在較低等的哺乳動物中，也有雄性刺激雌性乳房的情況，但是相對極少。我們曾經觀察到公狗舔吮母狗的乳房，有時候這是因為它們想延長交媾時間。在性喚起的時候，公牛也會有規律地撫弄母牛的乳房。對於其他動物來說，也出現過類似的行為。但是，把口與乳房接觸作為親暱愛撫行

為的一種獨立技巧，只有人類才做得到。

用手刺激女性的生殖器

在哺乳動物中，對雌性生殖器進行刺激而不用陰莖，是一種非常普通的現象。但是雄性動物沒有雙手可以使用，只能透過鼻和口進行刺激。男性可以用手來刺激女性的生殖器，也是人類獨有獨享的美事。

在沒有發生過婚前性交合的女性中，接近36％的人接受過這種行為。顯然，對於有過婚前性交合的女性來說，其發生率會更高。即使是那些婚前性交合有限的女性，也有87％的人接受過這種刺激，那些婚前性交合次數較多的女性，這個比例則高約95％。

有意思的是，不同年代的女性在這個方面並沒有太大的差異。只有1900年之前出生的、未發生過婚前性交合的女性，她們的發生率明顯得低一些。

用手刺激男性的生殖器

這樣做的女性，要遠少於曾經用手刺激女性生殖器的男性。對於一般女性來說，即使她們已經接受其他的親暱愛撫技巧，通常也會過上一段時間之後，才開始觸摸男性的生殖器。這種人類男女之間的差異，同樣也存在於大多數哺乳動物的雌雄兩性之間。因此，我們可以這樣說，這種男女之間的差異在動物學上有著深遠的意義。

對於許多女性來說，通常是只有在男性的要求之下，才去撫摸他的生殖器。女性在這個方面的消極和被動，經常使得那些有同性性行為經歷的男性，或者習慣於在同性性行為中被撫摸生殖器的男性，產生不滿情緒。大多數女性在撫摸男性生殖器的時候，似乎並沒有從中獲得某種特殊的滿

足。然而，確實也有一些女性在這種行為中得到心理上的滿足，或者還有意識和理念上的滿足。男性在生殖器被撫摸時會產生一些反應，這也可以極大地引發一些女性的性喚起，即使在她們的生殖器並未被觸及的情況下，也會使得她們達到性高潮。

在我們調查過的、從未性交合過的未婚女性當中，只有24％的人曾經觸摸過男性的生殖器。對於那些1900年之前出生的女性來說，有過這種行為的人低至12％，但是在1900～1910年出生的女性中卻是31％。在更年輕一代的大學教育程度女性中，這個比例更高約40％。許多年齡較大的男性，特別是那些受教育程度較低的男性，經常認為女性觸摸男性生殖器是下流的，不道德的。但是在新一代教育程度較高的男性中，大多數人都不再抱這種態度了。

有過婚前性交合的女性與沒發生過婚前性交合女性相比，前者用手刺激男性生殖器的人數是後者的3倍。對於年輕一代有過有限次數的婚前性交合的女性來說，約72％的人使用過這種技巧；而在有過很多次婚前性交合的女性中，這個比例卻高達86％。受教育程度對這個方面的影響比較大，但是年代卻對這個方面基本沒有影響。所以，那些年輕時曾有過婚前性交合，現在年齡已大的人們，對今天年輕一代人所採用的愛撫技巧大驚小怪，是非常沒有道理的。

口和女性生殖器的接觸

儘管我們在前面已經說到，口和生殖器的接觸是一切哺乳動物在性交合前的性遊戲中一個組成部分。但是，這種接觸在猶太教——基督教法典中，卻是一種犯罪。在現代，無論是男性還是女性，這種技巧都是到最後

才被接受的，因為男性認為這種行為是一種生物學意義上的反常和變態，女性也是這樣以為的。

對於年輕一代從沒有過婚前性交合的女性來說，只有3％的人允許男性用口觸及她們的生殖器；在1900年之前出生的女性中，更是少至1％～2％。

然而在有過次數不多的婚前性交合的女性中，約有20％的年輕一代人接受過這種口刺激，在有過多次婚前性交合的女性中，更是高達46％。但是，令人吃驚的是，不同年代的女性在這個方面只有極小的差異。

口和男性生殖器的接觸

女性用口對男性的生殖器進行刺激，比男性用口對女性的生殖器進行刺激要少。一般來說，女性只有在男性的催促之下，才會這樣做。但是，也有少數女性會主動進行這種行為，甚至有些女性還會因此而引發強烈的性喚起，更有一些女性會在這樣的行為中達到自己的性高潮。但是整體來說，人類男性更喜歡口刺激，哺乳動物也是如此。

在《男性性行為》一書中，我們並沒有發現這是人類兩大性別的基本心理差異。現在我們知道，男女之間在口刺激行為方面的差異，有一部分是文化傳統因素的影響，但是主要原因是男性接受心理刺激的能力要強於女性。

對於年輕一代中從沒有進行過婚前性交合的女性來說，只有2％的人曾經試圖用口刺激男性生殖器。對於出生於1900年以前的這一代女性來說，這個發生率就更低。但是對於年輕一代中教育程度較高者來說，這個發生率卻更高。例如，出生於1910年以後而且高中以上教育程度的女性，這個

發生率是5%。

對於年輕一代中發生過婚前性交合但次數有限的女性來說，有16%的人用口刺激過男性生殖器；對於有過多次婚前性交合的女性來說，這個發生率高達43%。令人吃驚的是，出生於1900年以前的那一代女性，她們的發生率並不低——是38%。在出生於1920年以後的、教育程度較高的、有過多次婚前性交合的女性中，發生率最高——高於62%。很明顯，女性經歷越多的性交合，她們就越能接受親暱愛撫技巧，而處女則認為這些是禁忌的。

雙方生殖器進行碰觸

在親暱愛撫中，很多男性在並沒有任何插入陰道企圖的情況下，卻把自己的生殖器直接抵住女性的生殖器。很多時候，男性之所以沒有進行實際的性交合，是因為女性拒絕讓他們插入。但是在更多的情況下，讓男性有意識地不去插入陰道，這是男女雙方共同商定的結果。實際上，對很多男女來說，生殖器碰觸所帶來的性刺激，並不比直接性交合所帶來的性刺激少，但是相對於後者來說，他們卻更容易接受前者。對沒有進行過性交合的女性來說，約有17%的人允許和接受生殖器碰觸；但是對於有過性交合次數不多的女性來說，仍然經歷過這種生殖器碰觸而沒有插入的人卻佔到56%。

持續的時間

由於親暱愛撫很少是從高水準的性喚起開始的，所以很少有親暱愛撫可以在一兩分鐘內達到性高潮。如果環境允許的話，雙方經常有意識地延長親暱愛撫至15分鐘或半小時。甚至，有的時候時間可以持續數小時或整

個晚上。在有的情況下，雖然親暱愛撫時間如此長久，但是雙方仍然可以完全裸體相處，也沒有任何一方想進行任何形式的生殖器交合。

親暱愛撫的場所

親暱愛撫時，男女雙方所在的地點對其持續時間和運用技巧的種類影響都很大。有些情況下，男女戀人互道晚安，臨別一吻，這些地點包括：在街角，在宿舍的大門口，在女孩家門外的臺階上，在舞廳門口，在某些不夠隱密的地方。這或許有可能發展成一種短暫的但充滿性激情的關係。但是，大多數的親暱愛撫是發生在女孩自己的家裡，或者在任何她能款待男友的地方。

如今很多親暱愛撫發生在汽車上，就跟發生在老一代人的馬拉四輪大車上一樣。多數親暱愛撫發生在戶外，在路邊、花園、人跡罕至的小路、游泳更衣室或遊艇上。在一些更加開放的國家，親暱愛撫也會發生在野外和樹林裡。很多親暱愛撫也發生在一些公開場合，例如舞會上、小規模社交聚會或雞尾酒會上，甚至有的發生在眾目睽睽之下。有時候，外國遊客對這種如此顯眼的公然的性活動表示非常驚訝，並由此得出錯誤的結論——他們認為美國大多數年輕人都有大量的婚前性交合。令他們不理解的是，在歐洲非常流行婚前性交合；但是他們在美國所目睹的這類親暱愛撫，正好是為了代替婚前性交合。

電影院給親暱愛撫提供了很多機會。發生在公共汽車、火車和飛機這類狹小的公共場所中的親暱愛撫與日俱增。如果其他乘客不得不面對這種近距離的親暱，他們已經學會視而不見。然而，對親暱者來說，有時候越是發生在這種眾目睽睽的場合，反而越容易達到性高潮。

親暱愛撫的作用與意義

道德的壓制

在猶太教——基督教法典中，那些故意尋找或接受帶來性喚起卻又不達到生殖目標的活動，是一種很嚴重的犯罪。美國和歐洲許多國家都普遍不贊成親暱愛撫，這樣的事實就表現傳統道德強大的一面。最嚴厲的正統猶太教法典更是極端地認為一切裸體都是犯罪，裸露全身或除了臉和手之外的身上任何部位也都是犯罪，並且它嚴格禁止觀看這種裸露。它不僅嚴格禁止人們在公共場合中暴露身體，而且也嚴格禁止一個人在自己的私人住宅中裸體，甚至也嚴格禁止人們在夫妻性交合過程中、在一個人獨自換衣服時、在洗澡時進行裸體。所以，除了為了生殖目標所必須的生殖器交合，它也嚴格禁止裸露著肉體的某個部位的相互接觸。

雖然天主教的道德哲學並沒有明確地把任何一種親暱技巧定為犯罪，但是如果這些技巧的目的不是為了實現夫妻之間的直接性交合，天主教法典就特別強調：這些行為都是犯罪。人們必須以那種可以有利於受孕的方式來進行性交合。

新教各派也持有相同的態度。大多數新教派別還是認為，結婚之前的任何形式的人際性活動都屬於犯罪。不過，新教教士和社團已經多次做出一些讓步，例如：天主教認為一切親暱愛撫是犯罪，但是在某些新教派

別中，已經訂婚的男女之間的親暱是傾向於接受的，甚至只要強調女性考慮過訂婚這件事就可以接受。目前，越來越多的新教教士和社團已經開始相信，結婚之前的親暱愛撫在一定程度上有利於年輕人發展自己的精神能力，而且對他們日後的婚姻生活和諧有很大的好處。

有證據顯示，對於年輕的幾代人來說，他們的性態度和性行為，已經很少考慮宗教和公眾把親暱看作犯罪這件事。但是，也確實有許多從事過親暱愛撫的年輕人，因此而產生一些罪惡感。在性的一切有關方面中，親暱愛撫或許是美國青年最常提出疑問的，也是他們最經常尋找相關的科學資訊的一個方面。如果罪惡感太重，發展到特別極端的程度，他們就可能出現許多心理上或行為上的障礙，例如多種人格障礙、性的不良適應症、和社會難以協調、多種性無能、有時會用同性性行為來替代異性親暱，還有很多種不利於日後婚姻和諧的行為。

大談特談婚前性行為（尤其是親暱愛撫）可能帶來的傷害的人有很多，但是卻很少有人說到這樣一個事實，那就是在美國男性和女性中，幾乎每個人都有過親暱愛撫，並且親暱愛撫也會一直繼續進行下去。在這樣的情況下，如果人們還是一直譴責它可能帶來的傷害，除了會給人們帶來心理崩潰和日後的婚姻困難之外，別無他用。

法律對親暱愛撫的態度

在很大程度上，英國和美國的性法律是源自並跟隨宗教法典和戒律的。雖然法律並沒有單獨把親暱愛撫看作犯罪，但是許多親暱愛撫的具體形式卻被視作嚴重犯罪，要受到法律的懲罰。如果涉及一個年齡較小的人進行親暱愛撫，法律就會判定其行為是青少年自甘墮落，或者是引誘青少

年墮落，進而受到懲罰。至少在兩個州的不同判例中，法庭就是這樣判決的。在某個城市裡，如果一個16～21歲的女孩有過手刺激生殖器的親暱行為，法律就認為她們是「道德敗壞」，判決結果是對她們進行長期教養。如果是一個成年人與一個青少年發生親暱愛撫，法庭就會為其實施刑法條文中最重的懲罰。到現在（1952年）為止，有27個州都有過這樣的判例。

當然，如果進行親暱愛撫的雙方年齡差不多而且都是自願的，法律一般也無法處罰他們。在幾個判例中，女性不同意進行親暱愛撫或是小於法定成人年齡，因此這種情況下的親暱被判為性侵犯或通姦。有很多此類案件被鬧到法庭上，但是大多數都是由憤怒的父母或鄰居起訴的。當親暱愛撫發生在某些公共場所時，例如：電影院、海灘、汽車上，警察都非常樂於當場捉獲當事者。有時，警察只不過是讓當事者停止親暱，但是有些時候，警察也會用敗壞公共道德或擾亂秩序的罪名逮捕當事者。

如果親暱中有手刺激生殖器或口與生殖器的接觸，親暱就會被視為非常嚴重的犯罪。在美國大多數州裡，口與生殖器的接觸至少會被認為是重罪來受到懲罰。在許多州裡，它會被視為雞姦，受到非常嚴重的懲罰，可判入獄服刑3～5年。人們一般認為肛門性交才是雞姦，但是也照樣把口與生殖器的接觸劃入雞姦之列。有一些年輕人只好做出經濟賠償來避免被捕。這些情況都說明，司法行動是不可能控制這種人盡皆有的行為的。美國青年中很少有人知道他們的親暱愛撫會造成法律上的麻煩，如果他們知道的話，其中的很多人不但不會遵守這樣的法律，反而會故意否認和蔑視這樣的法律。因此，道德可以在某些程度上阻礙如今美國男女的親暱行為，而不是法律條文或警察。

生理上的效果

正如我們所說的，親暱愛撫可以帶來即時的滿足，這是大多數人接受它的原因。所有女性中39％的人和年輕一代的女性中45％的人都認為，它也可以帶來性高潮，可以釋放生理能量。

然而，如果親暱愛撫中，雙方出現了相當強的性喚起卻沒有達到性高潮，就會造成生理上的不適。這種情況下，大部分男性和一些女性會感覺神經不安、思維混亂、無法把注意力集中在其他事物上，並且還會削弱運動神經的反應能力。有些男性的腹股溝可能會非常疼痛。為了解除以上這些煩惱，他們可能不得不去做一些劇烈的體育活動。有些人可能會自我刺激，或者是尋求性交合，或者是尋求同性性行為。大部分女性在沒有性高潮而停止親暱的時候，雖然不像男性那樣煩惱，但也確實有一些女性和男性同樣因此而焦躁不安。對於所有有過親暱愛撫的女性來說，有時因沒有性高潮而停止親暱而產生煩惱的人佔51％，也有較少的女性總是因此而煩惱，有26％的女性由於這種情況而與男性一樣，出現腹股溝疼痛。有35％的女性由於這種情況和男性一樣，會進行事後自我刺激。

為什麼會發生這種情況呢？這是因為，在性行為過程中，強烈的性喚起會使我們的中樞神經的緊張達到極點，如果沒有性高潮來釋放這種緊張，身體就會感到不適。由於一些我們現在還不知道的原因，大多數男性和一些女性都只能透過性高潮來釋放這種高度的緊張，除此之外，別無他法。如果沒有達到性高潮，這種高度緊張可以持續長達數小時之久。如果達到性高潮，就可以在幾秒鐘到一兩分鐘之內釋放掉這種緊張。當事人就可以感到舒適與安寧，這也是任何一種完全的性行為的根本特徵。很明顯，如果當事人因此而產生罪惡感，那麼就會產生完全相反的效果了。

社會方面的意義

對於有過性喚起的所有女性來說，34％的人首次性喚起是源自親暱愛撫；對於所有有過任何一種異性性行為的女性來說，51％的人首次性反應是源自親暱愛撫。

對於所有有過性高潮的女性來說，24％的人首次性高潮是源自親暱愛撫；對於在異性性行為中有過性高潮的女性來說，先透過親暱愛撫而達到性高潮的女性有46％。因此，無論性交合是發生在婚前或婚內還是婚外，作為首次達到性高潮的途徑，親暱愛撫和一切形式的性交合一樣重要。

大多數女性是透過親暱愛撫，第一次真正理解異性之間無窮奧妙，而不是家長、學校或宗教的教誨，也不是書本、生物課、社會學課或哲學課，更不是實際的性交合。她們在她們成長的家庭裡，從母親給予她們的特殊教誨中，都無法獲得這樣的資訊。正好相反，教會、家庭和學校讓很多女性產生性禁錮，對性的所有方面的排斥，對性行為可能損害身體的無端恐懼，以及許多女性一直到結婚以後還保持的那些罪惡感。我們在調查中發現，許多男女在他們十幾歲或二十幾歲時，都想弄清楚自己從青春期開始以來生理上到底出現了哪些能力，但是都遇到了上述諸多阻礙。

如果女性在婚後性交合中無法達到性高潮，在很大程度上可能是因為夫妻不和。但是為了釐清更深層次的原因，我們研究了這和妻子婚前是否達到過性高潮之間的關係。結果發現，對於那些婚前從未達到過性高潮的女性來說，在她們結婚之後第一年的性生活中，有44％的人完全無法達到性高潮。相反，那些婚前有過許多次性高潮的女性，在其婚後第一年裡，只有13％的人無法達到性高潮。這兩種女性之間的差異不僅非常明顯，持續時間之長也非常驚人。到結婚15年之後，這種差異仍然如此明顯。

婚前親暱是否達到性高潮與婚後性高潮的狀況之間的關係，跟上述情況類似。對於那些婚前從沒有在親暱中達到性高潮的女性來說，有35％的人在婚後一年內也達不到性高潮。正好相反，在婚前親暱中至少有過一次性高潮的女性裡，只有10％的人在婚後一年內沒有出現性高潮。在結婚15年之後，這兩種女性的差異仍然這麼大。

　　出現這種情況的原因，可能是自然選擇的作用，那些在婚前親暱中有性高潮的女性可能都是性反應能力最強的人，所以她們在婚後也是最樂於和善於協調夫妻性生活的人。但是，我們更傾向於認為，這中間有著一些因果關係，因為婚前實際達到過性高潮，遠比在婚前有過性行為更重要。

　　實際上，親暱愛撫所提供的，比僅僅經歷過性高潮多得多。在協調與另一個人的情感交流時，女性會遇到一些生理、心理和社會難題，親暱愛撫教會女性如何解決這些難題。作為社會化的一種手段，婚前親暱對絕大多數有過這種行為的女性都非常有利。

　　在婚前親暱行為中，如果因為女性——有時候是男性，拒絕接受某種性技巧而對雙方關係有威脅，他們完全可以分手。但不幸的是，這種拒絕卻不可能解除婚姻。即使夫妻之間早已沒有了性協調，甚至出現了性厭惡與性對抗，婚姻也能在這樣極低水準的滿足中繼續持續下去，甚至根本不需要用心去修補雙方的性生活關係。

　　婚前親暱為女性提供了一個機會，讓她學會如何與不同類型的男性協調情感關係。這樣，當她選擇一個獨特的男性，並打算結為終身伴侶時，就會變得聰明得多。許多人都說，如果只考慮婚前性關係中的滿足來選定終生伴侶，就會忽視性以外的其他東西。我們也確實瞭解有這樣一些婚姻，因為僅僅建立在性興趣之上而難以維持。

第六章

婚前的性交合

　　根據我們的調查，對於現在在婚的女性來說，在結婚之前就經歷了性高潮的佔64%，其中有些人次數不多，但是有些人則是非常頻繁而且有規律。

　　自我刺激、性夢、異性親暱、異性性交合與同性性行為，是結婚之前性釋放最基本的5種途徑。在婚前性釋放整體中，性交合所佔的比重並不是很大，只佔到17%。儘管許多人在說到自己的婚前性活動時，經常使用的術語是「性交」和「性關係」，但是實際上，真正插入陰道的性交合只是其中的一少部分。很顯然，性交合對女性的社會意義遠大於其他性行為，它的意義也絕不僅僅是讓女性獲得生理上的釋放。由於我們的文化裡道德和法律都嚴屬懲罰婚前性交合，使得它對女性的社會意義更為重大。結果，這種情況造成出於個人性需求的婚前性交合，與社會固有的利益之間產生衝突，而且並沒有辦法能夠客觀地改善兩者之間的關係。

　　婚前性交合在女性日後的婚內性協調方面發揮怎樣的作用，對於此項研究一直缺乏科學資料。希望我們的下述調查結果，能夠有助於理解這個難題。

婚前性交合整體的情況

　　大多數的哺乳動物，無論是雄性還是雌性，一旦在生理發育狀況方面得到一定的發展，就會馬上開始性交合。一切哺乳動物的雄性產生性欲、主動發起性遊戲，以及性交合時的年齡，都是略小於雌性動物。對於人類來說，也同樣如此，在前青春期性遊戲中，與女性相比，男性顯得更積極主動些。

　　對於哺乳動物來說，並沒有結婚和未婚的概念。只有人類的習俗和人為的法律，才截然地分為婚前性交合和婚後性交合。但是我們必須要瞭解，從生理狀況和生理學的角度來看，與其他哺乳動物一樣，這「兩種」性交合完全是同一個東西。這種認識非常有利於瞭解婚前性交合這種性行為。

　　在我們社會之外的大多數文化中，一旦人的生理發育許可，就開始有社會交往，性遊戲就開始了。這和其他哺乳動物沒什麼不一樣的地方。大部分性遊戲只不過是男性把陰莖放在女性的兩股之間或陰阜之間，當然，也有一些男性試圖插入陰道。社會中的成年人經常讚許和鼓勵這種性遊戲。在性遊戲中，少男少女慢慢學會成年人性交合的技巧。即使在美國，也有一些性禁錮不那麼強的群體，存在上述這些現象。

　　在我們的社會之外的幾乎一切其他文化中，都至少在某種程度上，允許未婚的少男少女的性交合。至少在某種程度上讚許這種活動的文化的，

大約佔70％。一般而言，這些文化只反對近親者之間或同家族的人之間進行性交合。在一些社會中，人們還給未婚男女進行性交合專門提供了非常合適的地方。

在古希臘羅馬、地中海文化、穆斯林文化和許多東方文化中，雖然社會嚴禁女性，尤其是中上層女性，發生婚前性交合，但是他們普遍允許未婚男性發生婚前性交合。這就導致這些文化中的男性發生婚前性交合的對象，不得不是妓女或是比自己階層稍低的女性。在一些歐洲國家，尤其是斯堪的納維亞國家和中歐的一些地區，社會在更大的程度上允許任何階層的男女進行婚前性交合。

對這件事，我們美國社會持有非常混雜的態度。宗教和法律戒條、心理學和社會科學、精神病學和其他臨床理論、社會的一般態度，都認為異性性交合是最應該的、最成熟的、最可以被社會接受的一種性活動形式，並且排斥其他形式的性行為。但是宗教和法律戒條及很多臨床理論，卻又莫名其妙地認定任何婚姻之外的性交合都屬於犯罪。所以，它們拒絕一切對多種性交合的欲望與需求。這讓一般人實在無法理解。實際上，美國青年性心理發育中大量苦惱的一個來源，正是這種對於同一事物的自相矛盾的強制規範，而並非婚前性交合這種行為本身。在人們日後婚內性生活的不協調中，這種苦惱產生很深遠的作用。我們的調查說明，引發同性性行為的一個重要因素，經常是對於對婚前異性性交合，以及幾乎一切形式的異性性活動進行的譴責。

既然社會公眾認為婚前性交合是犯罪，所以人們有理由認為，在美國男女中的這種行為一定是非常罕見的。但是，只有在顯文化中，例如：在人們的公開形象和公開行為中才是如此。我們在《男性性行為》一書中

已經指出，社會所表明的態度（顯文化）和男性實際的行為（隱文化）之間存在多麼巨大的差異。接下來，我們將看一看女性婚前性交合的實際情況。

我們在前文就已經說過，術語「性交合」，是指男女生殖器直接插入式交合。人們經常不加限定和解釋，就想用術語「性交」來表達性交合這種行為。但是，實際上兩者並不是完全一樣。「性交」包括口交和肛門性交，還包括一個人的生殖器在另一個人身上非生殖器的一些部位的接觸、摩擦或交合。如果按照這個廣泛的意義來說，不止是兩個異性可以性交，兩個同性也可以進行性交；但是性交合卻只是發生在異性之間的性行為。我們這本書中所使用的「性交合」，都是指男女之間陰莖插入陰道的性行為。下面要講的女性婚前性交合，則進一步限定為：已經進入青春期但是從來沒有正式結婚的女性的性交合。其中，不包括女性的前青春期性活動，也不包括結過婚但現在喪夫或離婚的女性的性交合。

累計發生率

對於所有我們調查過的女性來說，在婚前有過性交合的有近50％。到35歲時的時候，這樣的女性佔到68％。很多性交合是發生在正式結婚前的一年或兩年，其中一部分只是發生在接近婚禮的時候。因此，婚前性交合發生率的高低取決於結婚年齡的大小。結婚早的女性，年紀較小的時候就有過婚前性交合，而結婚晚的女性，開始婚前性交合的年齡已經比較大了。顯然，結婚年齡與婚前性交合發生率之間存在一種必然的關聯。但是一個未解決的問題是孰為因果：是早早開始的性交合導致雙方結婚，還是雙方都確信馬上就要結婚，所以才在婚禮之前接受性交合呢？

在20歲就已經結婚的女性中，有過婚前性交合的將近50％。對於21～25歲之間結婚的女性，發生率近乎50％，對於26～30歲才結婚的女性，其發生率在10％～66％之間。如果不考慮是否結婚，那麼任何一個年齡上的發生率都非常低，但正如前文所說，不考慮婚齡大小的發生率，在統計學上是一種失誤，在現實中也是不可運用的。

除了那些結婚很早的人，15歲之前的婚前性交合發生率是非常低的，到15歲時也只是3％。其中部分原因是，我們的公眾輿論和法律對那些與少女性交合的男性總是處以非常嚴厲的刑罰。

達到性高潮的累計發生率

不管是在婚前、婚外還是婚內，總是有很多女性不能在每次性交合中都達到性高潮。因此，性高潮發生率與婚前性交合發生率的統計曲線大體上是平行的，區別是前者稍低一些。非常有意思的是：女性在婚前性交合中達到性高潮的比例，與在婚後性交合中達到性高潮的比例，竟然沒有什麼實質性的差別。

各年齡段的發生率

15歲之前是3％，16～20歲是20％；21～25歲是35％；26～45歲是稍微超過40％一些。

頻率

婚前性交合的頻率低於婚後性交合的頻率。其中部分原因是，未婚青年在找到固定的性伴侶和適合性交合的場所方面更難一些，但主要原因還是社會嚴厲禁止這樣的行為。

20歲以下女性的婚前性交合頻率平均是5～10週才有一次，20歲以上的女性也不過平均每3週一次。和女性其他性行為一樣，婚前性交合的頻率只有到20歲以後，才能達到頂峰。此後，直到55歲甚至更晚，頻率都保持在很高的水準上，而且基本上和年齡大小沒什麼關係。

顯然，頻率也有比較大的個體差異和時期差異，而且女性的頻率也很少像男性那麼高。曾經在僅僅一週之內就發生過3次或更多的婚前性交合的女性有一半或更多，但是她們也經常在隨後的數週、數月，甚至數年內再也沒有發生過一次。我們考慮特定的單獨一週的時間，每天發生一次的女性約有20％；發生過14次或更多的女性有7％；但是這種特定時期一般都不連續，中間間隔著較長的無性時期。因此，我們在閱讀和引用婚前性交合的平均頻率時，一定不能忘記或忽視上面所說的間斷現象和偶發現象。

個體上差異就更大一些，有些女性從來沒有在任何性交合中達到過高潮，而有些人則每次都可以達到，還有些人在每次性交合中都可以達到兩次或更多次的性高潮。無論是婚前還是婚後，總是多次地達到性高潮的女性共有約14％。值得注意的是，有一些女性一旦開始婚前性交合，馬上就出現了這種多次達到性高潮的能力。

在性釋放整體中所佔的比重

對於15歲以下的女性，婚前性高潮的比重是6％；16～20歲的女性是15％，20～25歲的女性是約26％；到45歲的時候，比重已增加到43％，然後就開始下降。

在所有年齡段內，自我刺激所佔的比重都大於婚前性交合，在16～20歲之間，婚前親暱愛撫的比重也稍微大於婚前性交合。但是20歲之後，婚

前性交合的比重開始超過親暱愛撫，到25歲以後，和自我刺激的比重也相差不是很多了。

延續的時間

如果只統計已經徹底中止婚前性交合的已婚女性，其中婚前性交合只有過10次或更少次的人約有29％，很多人只有過一次婚前性交合。已婚女性中婚前性交合只延續一年或更短時間的人有44％；延續2～3年的人有30％；延續到4年或更久的人有26％。但是，在上述延續時間裡，只有很少的人是真正延續不間斷的，大多數人則是斷斷續續地發生。

非常有意思的是，這個方面幾乎沒有際遇的差異，當今一代的女性幾乎和她們的媽媽和奶奶的情況一樣。

毫無疑問，延續時間和結婚早晚有必然的關聯。對於20歲結婚的女性，60％的人僅僅延續了一年或更短的時間；但對於30歲以後才結婚的女性，只有27％的人延續一年或更短的時間。這說明，對於年輕女孩，性交合的經歷可能是促使她早早結婚的一個因素，但是很多二十幾歲或三十幾歲還沒有結婚的女性，也一樣有長期的性交合經歷，其中延續長達6年或更久的人有一半之多，但是這種經歷並沒有促使她們之中的任何一個馬上結婚。

只與未來丈夫發生的婚前性交合，一般不會像與其他男性發生的婚前性交合一樣延續很久。只與未來丈夫發生的性交合中，延續了一年或更短的時間有75％；也很少有由於與一個男性有過性交合就與之訂婚的女性；但是已經訂婚的男女卻經常因為發生性交合而提前結婚，至少在一些例子裡，他們這樣做是為了更多、更安全、更全面地進行性交合。

婚前性交合對象的人數

這個問題只能統計現在在婚的女性，因為她們的婚前性交合已經完全停止了。對於已婚女性中有過婚前性交合的，只與一個男性性交合過的人有53％；和2～5個男性性交合過的人有34％，和6個或更多的男性性交合過的有13％。但是，上述資料不包括教育程度很低的女性，所以我們不能說她們的性夥伴是更少還是更多；也不包括入獄的女性，但是我們知道她們婚前的性夥伴遠遠多於上述數字。上述資料只能表示中產階級和上層社會的女性的情況。儘管這些資料已經讓一些人大驚失色，但是它遠遠比不上男性婚前性夥伴的龐大數量。

對於所有在婚的有過婚前性交合的女性來說，至少與日後丈夫發生過性交合的人有87％，只與日後丈夫發生過性交合的人有46％，這表示11％的人曾經和未來丈夫以外的其他男性發生過性交合。剩下13％的女性，則是和其他男性發生過，卻沒有和未婚夫發生過性交合。在結婚較早的女性中，有較多的人是只和未婚夫發生過性交合（54％）；而在30歲以後才結婚的女性中，這個比例只有28％。

最極端的情況是，也有2％的中上層女性，她們的婚前性夥伴超過20人。不過即使那些嚴斥和嚴禁婚前性交合的群體，對於只發生在未來夫妻之間的性交合，一般也傾向於相對地寬容。如果當事雙方想要結婚，或者雙方之後果然結婚了，那麼執法者也會原諒他們的某些婚前性活動。這一點正好充分表現在這種寬容的最後限度上：如果雙方有意結婚，當然可以予以寬容；但如果日後雙方並未結婚或不可能結婚，那麼法律照樣會追究並嚴懲不貸。

對社會進行分層考察

結婚年齡和教育程度的影響

如果我們暫時不加入婚齡的影響，女性的受教育程度和她開始婚前性交合時所處的年齡段，對女性婚前性交合的累計發生率的影響很大。研究生程度的女性開始婚前性交合時所處的年齡段，要比國中程度的女性的開始年齡大5到6歲。但是因為教育程度越低，結婚越早，所以國中程度女性中只有30％的人有過婚前性交合；高中程度者女性中有47％；而研究生女性中卻高達60％以上。尤其讓人感到奇怪的是，這種情況和男性中的發生率正好完全相反。例如，大學程度男性中的發生率是67％，而國中程度男性中的發生率卻為98％。

我們來做進一步的分析發現，這顯然是女性的結婚年齡在發揮作用。如果按照女性結婚時的年齡來劃分和考察，不管她結婚的年齡是多大，也不管她受教育程度是多少，發生率都幾乎是一模一樣。這再次說明，絕大部分社會因素對女性性行為模式的影響都是很少的，只有她們結婚的年齡這個因素，才和她們是否發生婚前性交合存在確切的相互關係。但是在男性中則正好相反，我們重新檢驗了《男性性行為》一書，再次確認，社會因素影響著男性的性行為模式，他們受教育程度的高低決定他們婚前性交合發生率的高低，而他們婚齡的大小，則對此沒有一點影響。

因為國中和高中教育程度的女性結婚早於大學和研究生的女性，所以20歲之前的婚前性交合發生率，是隨著教育程度越低，發生率越高，隨著教育程度越高，發生率反而越低。到15歲時，國中程度的女性中已達到18％，而大學和研究生程度的女性中才是1％。16～20歲之間，國中程度者是38％；高中程度者是32％，而大學和研究生程度者僅是17％～19％。但是20歲之後，各種教育程度的女性的發生率就一樣了。社會禁錮和刑罰鎮壓確實讓受教育多的女性的婚前性交合推遲了許多年，但是在20歲之後，這些禁錮明顯對她們再也沒有影響。這和男性成為鮮明對比。在男性中，至少直到30歲，受教育少的男性的婚前性交合發生率仍然高於受教育多的男性。

　　婚前性交合的頻率在各種女性中都是一樣，她們的教育程度和婚齡對此影響都不大。那些能夠阻止女性開始婚前性交合的因素，等她們一旦投入這種活動後，就無法再影響活動的頻率了。

和父母職業等級的關係

　　那些父母是體力勞動者的女性，在20歲之前發生婚前性交合的比例，比其他社會階層的女性要高一些。這也是因為前者一般結婚比較早，後者則較晚。要知道，絕大部分婚前性交合都是真的只發生在正式結婚前的一年左右。

　　到23歲的時候，不管哪個階層出身的女性，其發生率都是大約30％。因為性反應強的女性結婚也早，所以體力勞動者階層的女性的累計發生率，這個時候並不超過38％；而白領階層的女性到35歲時，其累計發生率卻高達56％。所以，一般人都認為比較多的體力勞動者階層的女性會發生

婚前性交合。如果只統計少女和年輕女孩，事實就是這樣；但是如果也統計那些大齡未婚女性，那麼白領階層女性的累計發生率顯然要高很多。

進一步的分析說明，在所有研究生程度的女性中，最禁忌婚前性交合的，反而是出身於熟練工人（職業等級4）家庭的那些女性。例如：到30歲時，她們之中發生過婚前性交合的只有27％；而出身於白領下層家庭的女性中的這個比例是39％，出身於白領上層和專門職業者家庭的女性中這個比例更高達47％。和我們在男性中發現的情況也是一樣。那些出身在較低階層後來又上升到較高教育程度者階層的女性，她們對自己的性禁錮，比那些本來就出身在上層社會然後又一直留在上層社會的女性，更為嚴厲。出身較低的女性，當她處於新獲得的社會地位上時，總是沒有安全感。所以，她就更加相信，追隨新階層的行為模式對自己來說是安身立命的基礎。但是實際上，她所追隨的行為模式，只是她自己認為的最能被上層社會所接受的那些東西。

在15歲之前，那些父母是體力勞動者的女性，婚前性交合在性釋放整體中所佔的比重是15％，然而出身白領階層的女性的這種比重僅是2％。但是到20歲——尤其到30歲以後，兩種出身不同階層的女性的這種比重，都上升到原來的兩倍。到31～40歲之間時，出身白領上層的女性，這個比重已經達到41％。

際遇上的差異

與女性受教育程度和家庭出身相比，世代差異更大一些。

1900年之前出生的女性的累計發生率，與此後任何一代女性相比，都少一半還多。例如，25歲未婚女性中，在老一代中有14％的人發生過婚前

性交合，而緊接著的一代中這個比例是36％。這個方面的增長，和婚前親暱愛撫的增長，構成美國兩代女性性行為模式的最大變化。

和婚前親暱愛撫一樣，婚前性交合發生率的增長幾乎都是出現在1900～1910年出生的那一代女性身上，因為她們的少女時間正好是第一次世界大戰結束後的20年代。後面的幾代女性都接受新出現的性行為模式，並且超越了前一代女性。

這個巨大變化是1900～1910年出生的一代女性的性態度的巨變產物。性態度的巨變又是因為第一次世界大戰之後的那一代人，更加自覺地探索性問題。公眾越來越對哈夫洛克‧靄理士和西格蒙德‧佛洛伊德的著作感興趣，這對於較大程度地破除傳統禁忌和自由地研究人類性行為起了極大的作用。同時，婦女解放的發展，尤其在我們文化中，女性的社會解放，也和性態度巨變有密切的關聯。

第一次世界大戰本身也造成這種變化。在此以前，在美國歷史上，從來沒有如此多的大學生與低階層男性在軍隊中朝夕相處和相互瞭解，也從來沒有這麼多的美國人親身接觸外國文化，尤其是接觸像中歐那樣和我們美國的性模式存在巨大差異的文化。大批美國青年從歐洲戰場復員回國後，再也不像前幾代青年那樣了。他們背離傳統戒律，其中很多人公然對現實持有理智的和快樂主義的態度，而這些都是在美國思想界一直受到極力否定和排斥的。

避孕知識的傳播，加上生活在大城市的人們越來越互不認識，這些都對婚前性交合的增加產生促進作用。也有部分原因是，在世界大戰中性病非常流行，進而讓人們更加懲罰有組織的賣淫，這也在很大程度上使婚前性交合增加了許多。這種討伐並沒有實質性地減少妓女的人數，也沒有實

質性地減少和妓女發生性交合的美國男性的人數。然而，和戰前那一代人相比，戰後一代男性嫖妓的頻率卻下降了一半。我們的資料說明，男性所有形式的婚前性交合的總頻率並沒有下降許多，這是因為男性和非妓女女孩的性交合頻率上升了許多，彌補了和妓女性交合頻率的下降。現在我們得到的關於女性這個方面的資料，證實了男性資料的準確性。

有人說，20世紀30年代的經濟壓力、40年代中期青黴素的發明且被用作控制性病的有效手段，都促進了婚前性交合的增加。但是，實際上這兩種因素發揮的作用非常小，因為我們的資料清楚地顯示，婚前性交合的增長發生在1916～1930年間。比經濟壓力和青黴素的發明早了10年或20年，並且1930年以後的增長一直都很小。

一般人都承認，在所謂的「喧鬧的20年代」中，美國青年的性行為和性態度發生一些變化，我們的資料也揭露了這個變化的具體內容，不過，非常有意思的是，幾乎一直沒有人承認，20年代所建立的婚前親暱愛撫和婚前性交合的模式一直傳給我們這一代人。20年代的時候，老年人對下一代的行為總是非常擔心。但是現在，老年人已經不那麼自尋煩惱了。至於其原因，只要我們想到今日的父母和祖父母，正是30年前引進性行為新模式的那一代青年，還有什麼是不明白的呢？

但是，從最老一代到最新一代，在婚前性交合中曾達到性高潮的女性所佔的比例，卻一直是一樣的，即20歲時是大約50％，35歲時超過75％。幾代女性的實施頻率基本上也沒有什麼變化。那些使得婚前性交合發生率增長的因素，看起來並不能影響實施頻率。當今的美國男性和非妓女的女性的性交合在增長，但這是由於發生婚前性交合的女性，在絕對數量上有了很大的增長，並不是因為她們的實施頻率提高了。

在四代女性當中，因為其他的婚前性釋放途徑都沒有太多的增長，所以婚前親暱愛撫和婚前性交合在性釋放整體中就變得相對來說更重要了。例如婚前性交合的比重，對於出生於1900年以前的女性來說是4％，而出生於1920年以後的女性這個比例都達到21％。

青春期開始早晚的影響

11歲或12歲進入青春期的女性，她們的婚前性交合的累計發生率，確實稍微高於13歲或14歲才進入青春期的女性，達到性高潮的比例也稍微高一些。但是，這些差異並不是很大，不能和男性中的這個差異相比。對於男性，青春期開始得越早，婚前性交合就越多。但是對女性卻不能肯定地說有這樣的必然關聯。

宗教信仰程度的作用

不管信奉什麼宗教，一般說來，女性對宗教越虔誠，其發生婚前性交合就越少；女性對宗教越消極，其發生婚前性交合就越多。有些情況下，這兩種情況的差距非常大。同一宗教內部，信仰程度不同的女性之間的差異，遠大於各種不同宗教教徒之間的差異。除了世代差異，這是影響女性婚前性行為模式最大的因素。

到35歲時，消極女新教徒和消極女猶太教徒的發生率都差不多是63％，消極女天主教徒的發生率約是55％。相反，虔誠女新教徒的發生率只有30％多一點點，虔誠女天主教徒的發生率更是低至24％。達到性高潮者的比例也呈現同樣的情況。例如，在16～20歲之間，虔誠女天主教徒中的性高潮者是40％，而消極女天主教徒中卻達68％。說明，虔誠女教徒在婚前性交合中產生的罪惡感，會極大地減少她們從中獲得的滿足與快感。

實際狀況和性質

文化傳統總是飽含激情地反對婚前性交合，大多數婚姻指導手冊，還有關於性教育的文章，以及許多文學藝術作品，都在強調婚前性交合的壞處，說它是為人所不齒的。這些宣傳品還宣稱，婚前性交合不利於當事者本人、她的性夥伴和社會組織的利益。宣傳品特別強調的是以下內容：

1. 可能會懷孕。

2. 如果懷孕，就要去墮胎，這樣更危險。

3. 有傳染上性病的可能。

4. 結婚之前懷孕的話，可能會導致雙方並不情願地結婚。

5. 婚前性交合總是發生在不是很合適的情況下，這會有損身心健康。

6. 因為婚前性交合不符合道德戒律，當事者不可避免地產生很嚴重的罪惡感。

7. 女性由於失去貞操而產生罪惡感，這不利於日後的婚姻。

8. 男性會不想和發生過婚前性交合的女性結婚，因為他們感到有失尊嚴。

9. 結婚之後，還會繼續有罪惡感，由此帶來身心的損害。

10. 因為害怕公眾的譴責而產生罪惡感。

11. 如果事情被人發現，在人際關係方面會有很大風險，由此帶來很多麻煩。

13. 婚前性交合中所獲得的滿足，會讓當事人推遲結婚，甚至不結婚。

14. 婚前性交合會使人覺得有義務和自己的性夥伴結婚。

15. 由此產生的罪惡感會讓性夥伴之間根本不想發展性關係以外的友誼。

16. 婚前性交合會讓人過分強調友誼與婚姻的純肉體方面。

17. 婚前性交合會讓人在婚後更喜歡婚外性行為，因此對婚姻不利。

18. 因為婚前性交合的經歷，女性可能會在婚後性生活中缺乏性反應能力，因此無法得到滿足。

19. 無論如何，婚前性交合總是一種道德上的錯誤。

20. 如果能戒除了婚前性行為，將大大增強一個人的意志和力量。

在我們的文化中，是不允許說婚前性交合的好處的，只能偶爾在一些隱澀的文字中，或者在某些文章的字裡行間看到。這是因為我們的文化不但譴責婚前性交合，更譴責為它做辯護。這也是由於那些不譴責它的人總是認為，婚前性行為是個人私事，是個人自主的選擇，不值得在公開輿論上宣傳。

但是，還是有人一直在申明，婚前性交合是有好處的，列舉如下：

1. 它可以滿足肉體的需要，進行性釋放。

2. 它可以產生即時的身心滿足。

3. 如果沒有罪惡感，那麼它將增強一個人在非性的其他領域裡的能力，使人們更好地生活。

4. 如果一個人想發展自己的能力，想和別人更好地協調情感關係，婚前性交合比戒除一切性活動更有價值。

5. 婚前性交合可促進婚姻生活中需要的某些特殊情感協調能力發展。

6. 婚前性交合可以培訓婚後性生活中需要的多種身體技巧。

7. 可以檢驗兩個人日後在婚內性生活中相互協調和相互滿足的能力。

8. 越是年輕，人們就越容易學習協調情感和協調肉體的能力，等到結婚以後再學習就很困難了。

9. 婚前性關係破裂在人際關係方面的影響，遠小於結婚後再破裂。

10. 異性的婚前性交合，能夠不讓當事人產生同性性行為。

11. 婚前性交合可以促成結婚。

12. 至少在某些社會群體中，如果一個人接受或形成群體的普遍性行為模式，那麼他就能在群體中獲得地位。

人們一直不斷地在為婚前性交合爭論，互相攻擊，並且都有自己的依據。一方面，反對婚前性交合主要是為了維護道德，即使那些在各種小冊子上大發議論的專家們也是這麼認為的；另一方面，婚前性交合是建立在快樂主義欲望之上的，不用考慮性夥伴的利益和社會組織的利益。一方面有人說，道德是從古人的經驗中產生的，而且一直到現在都是對人們有好處的；另一方面又有人說，情況已經發生變化。現在的世界，人類有辦法控制懷孕和性病，並且對情感的本質和人類各種關係中的難題，也有了一些科學的瞭解，所以以前對婚前性交合的反對，已經對當今世界沒有用了。可惜，爭論雙方都沒有想到，我們應該用科學資料來發言。

想要解決這種爭論，我們必須首先承認，這個問題的有些方面是生物學、心理學和社會科學的領域，而另一些則是道德問題，需要研究倫理學的人來解決。儘管目前科學還不能馬上對此做出結論，但是我們下面所要講的情況，會幫助人們客觀地瞭解情況。

進行婚前性交合的場所

　　一般人都認為，婚前性交合肯定會影響日後婚內的性協調，因為它一定是在不怎麼合適，甚至經常是在完全不合適的地方發生。但是這個說法沒有任何統計上的依據。所以，我們先來分析一下這個方面的實際情況。

　　對於所有有過婚前性交合的女性來說，有58％的人是至少有一部分性行為是發生在自己家裡，並且大多數是在女性父母的家中或其他寓所。例如，資料顯示，那些離家上大學的女孩們的婚前性交合很少發生在大學的所在地，而是在假期裡的時候發生在自己家中。這不是什麼新現象，在過去的40年中一直是這樣，那些1900年之前出生的女性也是這樣。約48％的女性一部分性行為是發生在男性家裡，不同年代的女性基本上都是如此。但是，這樣的事情的發生頻率顯然低於在女性家裡的發生頻率。

　　有一部分婚前性交合是在旅館或其他類型的出租房間裡，這樣的女性約有40％。雖然現在的女性外出旅遊的次數越來越多，把交通工具當作旅遊營地在野外過夜的也越來越多，但是曾經在宿營地發生婚前性交合的女性的數量，幾代以來並沒有什麼明顯的增加。

　　近10年來，不論停在城外路邊的，或者是行進中的汽車，給婚前性交合提供了很多機會。曾經這樣做過的女性有約41％。資料顯示，最近10年裡在車內做愛比過去30年的兩倍還多。現在私人汽車成為婚前性交合的新樂園，已經取代了過去歐美盛行的四輪馬車或其他類型的馬車。

　　有一些女性利用過各種各樣的場所，例如：9％的人在朋友家中，36％的人在野外，15％的人是在其他什麼地方。這些地方都不是很安全，兩個人都是匆匆忙忙地做完。正是因為這樣，很多人才認為婚前性交合都是在不合適的環境中發生的。但是我們不要忘了，有一半到四分之三的性行為

是在女性或男性的家裡發生的。

性交合前使用的愛撫

這個方面所使用的技巧，和婚前不交合而只是親暱愛撫是一樣的。女性性交合的次數越少，使用愛撫技巧就越有限；女性性交合的次數越多，使用的愛撫技巧也就越多。

女性在婚前性交合中愛撫的時間，經常多於婚後性交合中的愛撫時間。對於那些婚前性交合次數比較多的女性來說，只有9％的人在性交合之前只愛撫1～5分鐘；但是已婚女性中卻有23％的人，和丈夫在性交合之前愛撫的時間都這麼短。在婚前性交合中，有75％的女性在性交合之前愛撫長達11分鐘到一個小時，甚至更久，而結婚之後只有53％的女性這樣做。所以，那些認為婚前性交合總是匆忙做完，或者和婚後性交合相比缺少樂趣與滿足的說法，一定是毫無根據的。

如果男性想要尋找或是維持婚前或婚外性交合，他們就需要殷勤地求愛，但是夫妻之間最缺乏的正好是這個。在婚內，男性多少會認為，性交合是他的特權，法律也確實保護這種特權。此外，婚內性交合的頻率很高且非常容易獲得，時間長了，就可能會大大減弱其吸引力和刺激力。所以，很多女性和男性都發現，婚前同居和婚外性活動中的事前愛撫，都比夫妻之間的事先愛撫更有魅力和刺激。

婚前性交合時的體位

這個方面，婚前性交合比婚後性交合更有局限性。和婚後一樣，最常用的體位是男性在女性上面的男上位。但是在婚前性交合次數較多的女性中，21％的人只運用男上位這種體位；但是在婚後性交合中，只有9％的人

只使用這種體位。

在婚前性交合中，只有35％的女性使用過女性在男性上面的女上位，但是在婚後性交合中卻有45％的女性使用過這種體位。婚前只有19％的人用過雙方側身面對面的側位，婚後卻有31％的人這麼做。婚前8％的人使用坐位，婚後有9％這樣做。很少人使用從後面插入陰道的後入位，立位就更加罕見了。

一般人都認為婚前性交合所使用的大部分體位一定很不舒服，例如發生在汽車後座上的坐位，或者是匆忙之中使用的立位。所以，有一個很重要的事實，那就是只有那些夫妻才使用坐位或立位，並且這也不是環境使然，而是他們自己的選擇。當然，婚前的體位變換少於婚後，尤其是那些結婚已久的夫妻；但是仍然接近，甚至在許多情況下超過那些新婚夫婦。

裸體的程度

大部分女性的婚前性交合都是發生在可以一直完全裸體的環境之中的。有過25次或更多次婚前性交合的女性中，有64％的人在大部分做愛中都是完全裸體，有15％的人較少完全裸體。在受教育程度較高的女性中，這個比例還高些——經常如此的是78％，有時如此的是13％。

和男性一樣，社會階層的差異決定女性對裸體的不同態度。在婚前性交合中從來沒有裸體過的女性，在高中程度者中是33％，在大學程度者中是15％，在研究生中僅為9％。這也不是一種新現象，在我們調查過的四代女性中都是這樣。出身較低的高中程度女性，因為她們繼承了自己所在的社會階層的性態度，而不是由於環境不安全，所以她們才如此留戀她們的衣服，甚至在婚前性交合中都不肯脫光。

它產生的後果

生理上的作用

毫無疑問，無論是在婚前還是婚後，規律的性交合都有利於生理健康，因為它滿足了當事人一方或雙方的生理需求，是快樂的泉源。不管是在婚內還是婚外，人們都沒有完全把性交合只當作生育的手段。

我們的調查顯示，大多數男性和約三分之一的女性都認為如果有了性喚起，但是不去達到性高潮，是一件特別強人所難的事情。即使對於婚前許多年每3到10週才有一次性交合的女性來說，也有20％的人達到性高潮並且滿足了生理需求。

目前已婚的女性中，有8％的人首次性高潮是在婚前性交合中獲得。出生於1900年之前的女性中，這個比例有點低；但之後出生的幾代女性中就高了一些，有8％到10％。在透過和異性接觸而達到首次性高潮的女性中，透過婚前性交合的人有14％。

心理上的作用

對很多人來說，婚前性交合在心理上產生的效果，比在生理上產生的作用更重要。因此下面我們將慢慢解釋。

在性態度方面，生理狀況、所處情景、社會制約和其他許多因素，共同決定一個女性是否開始婚前性交合，或者是否繼續下去。其中，我們

已經科學地瞭解了一些因素，但是我們還有沒有一些可以分析的足夠的資料。不過，有趣的是，最重要的決定因素是她此類經驗的多少。在從來沒有性交合過的未婚女性中，80％的人堅持說「自己絕不想有婚前性交合」；但是在已經有過性交合經歷的女性中，說自己再也不想這樣做的女性只有30％。這裡面一定有自然選擇的影響，但是我們也應該注意到，經歷會減少許多對未知事物的恐懼，尤其會減少對性行為這種未知事物的無端恐懼。

究竟是什麼因素在阻止女性從事婚前性交合，我們對此進行分析，結果認為，有89％的女性最主要和最重大的因素是道德上的顧慮。其中有一些人完全是因為道德顧慮，但是也有一些人堅持認為，她們從來沒有因為傳統道德是一種戒律而接受和遵守它。她們相信自己已經在理性分析的基礎上形成自己的獨立見解，她們知道墮落、尊嚴、美好、情感是什麼，對和錯表示什麼，較好與最佳表示什麼。這當然說明年輕一代中的一些人，已經試著並且敢於說自己在背離傳統宗教，但是實際上，她們之中的大多數人仍然在遵循著傳統，並沒有找到確立自己理由的新基礎。這個說法的表現是，對於目前的年輕女性來說，承認道德是阻止自己從事婚前性交合的人，和出生在30年前或40年前的那一代女性相比，基本上是一樣的。不過話雖這麼說，實際行為卻是另一回事。在目前的年輕女性中，實際發生婚前性交合的人，確實多於前幾代人。這說明，傳統道德戒律仍然影響著她們公開表達的意見，但是對她們實際行為的影響已經小很多了。

大約有45％的女性承認，缺乏性反應這個因素也一直在限制著她們進行婚前性交合。但是，缺乏性反應或根本無法做出性反應這個因素，顯然要比她們自己所承認的那樣更重要。正如一些人很早以前就說過的那樣，

如果一個人沒有或缺乏性的體力，那麼使他遠離罪惡就非常容易。

害怕懷孕是排在第二的因素，有44％的女性認為這也限制了她們的婚前性交合。

同樣比例的女性（44％）認為，害怕公眾輿論也限制了自己的婚前性行為。但另一方面，她們當中的大多數人都確信，除了自己的性夥伴以外，沒有第二個人知道自己曾經有過婚前性交合。

約有22％的女性認為自己之所以沒有發生婚前性交合，只是因為沒有碰到機會而已，至少在一部分程度上如此，她們都坦率地承認這點。

害怕傳染上性病，只是一個很小的因素，把它列為限制因素之一的女性只有14％。

上面所講的只是女性公開說出來的原因，很多人確實是因為這些才沒有進行婚前性交合，或者不再繼續進行婚前性交合，但是也有一些人還有更深層次的真正原因。根據我們的全部調查資料，我們按照重要程度的大小，把主要的限制因素排列如下：

1. 很多年輕女性沒有性反應。

2. 我們美國文化中的道德傳統戒律。

3. 缺乏經歷，人們總是害怕進行一種自己不熟悉的活動。

在事後懊悔方面，大多數人都認為，婚前性交合一定不是很滿意的；很多說這種事是道德錯誤的人，更是添油加醋地大肆宣揚。許多學者在一些論文中都肯定的說，婚前性交合一定會造成精神痛苦和事後懊悔。這些斬釘截鐵的說法讓人們覺得，這些人大概有豐富的調查資料為依據。但是實際上，不但這些人，並且這個領域裡的其他研究者，也從來沒有能夠支持他們論點的資料。

實際情況是，對於有過性交合但至今沒有結婚的女性來說，承認自己從來沒有後悔過的人大約有69％，其他有13％的人只是有過一些輕微的後悔。對於目前已婚的女性來說，這個比例還要大一些，有大約77％的女性回顧過去時承認，沒有絲毫理由後悔自己的婚前性交合。此外，有12％的人只是有過一些輕微後悔。這些資料和公眾的看法截然相反，這些資料也說明，聰明的想法和科學計算的資料，也有著很大的區別。當然，對於那些找醫生看病的人，有更多的後悔者。

顯然，女性婚前性經歷的多少決定她們是否後悔。絕大部分最後悔的女性，正好是那些婚前性經歷最少的人。例如，對於婚前性交合次數最少的女性來說，25％的人事後嚴重懊悔；但是對於婚前性交合持續了2年或3年的人來說，只有14％的人後悔；對於持續了4～10年的人來說，只有10％的人後悔。現在已婚女性的情況更說明這個問題，她們當中只有11％的人後悔，這是因為她們現在的性交合經歷比以前更多了。經常有人說，已婚女性會發現，夫妻性生活的品質比婚前性交合高很多，所以妻子們肯定會非常後悔。我們的資料真是很有趣，因為它不僅證明這種說法沒有任何根據，並且可能還正好相反。

同樣，顯然女性婚前性夥伴的多少也決定她們是否後悔。婚前性夥伴只有一個的女性中，15％的人對此嚴重後悔；但是那些婚前性夥伴多達11～20個的女性中，為此後悔的人卻只有6％。這估計是因為，豐富的經歷削弱了心理上的煩惱，另一個可能的原因是，最不自尋煩惱或最不會向煩惱低頭的女性，正好是那些婚前性夥伴最多的女性。當然，更有可能的是兩種因素一塊發揮作用。

我們驚奇地發現，女性所屬的年代並不能決定她們是否後悔。資料表

示，最年輕的一代女性中，後悔者反而更多。不過這可能是因為，當她們回答問卷時還太年輕，性經歷還不可能足夠豐富，隨著個性的成熟和經驗的增加，剛開始的後悔通常就煙消雲散了。

對懷孕的憂慮只在很小的程度上決定是否後悔。對於婚前懷孕的女性來說，對造成這個後果的婚前性交合後悔的人只有17％；沒有婚前懷孕的女性中後悔婚前性交合的人只有13％。更令人驚訝不已的是，婚前懷孕的女性中，全然不悔或幾乎不悔的人竟然有83％。

是否後悔在更小的程度上取決於對染上性病的憂慮。確實已經染上性病的女性中，6％的人後悔，沒有染上性病的女性中後悔的人只有約13％。有一部分和未婚夫發生過婚前性交合性女性中後悔者最少，只佔9％的人嚴重後悔。但全部是和別的男性——唯獨不包括未婚夫在內——發生過婚前性交合的女性中，有28％的人嚴重後悔。

和是否後悔因果關係最密切的，是宗教信仰程度，以及當事者是否認為婚前性交合是道德錯誤。例如，虔誠的新教徒中嚴重後悔的人有23％，而消極的新教徒中只有10％；虔誠的天主教徒中嚴重後悔的人有35％，而消極的天主教徒中只有9％。猶太教徒中也有同樣的差異。對那些相信婚前性交合是道德錯誤的女性，臨床醫生應該堅決地阻止她去做，因為這樣的人最容易因此產生情緒不安和煩惱。此外，這些虔誠的女教徒即使從事婚前性交合，顯然她們達到性高潮並獲得滿足的可能性也很小。所以，如果這種女性產生心理苦惱，她所接受的宗教態度和她的性交合不滿意，應該擔當同樣的責任。

也有很多女性能夠接受婚前性交合，並且相當多的人還從中獲得心理滿足。最好的證明是，她們開始這種行為後一直持續下去，甚至故意延

長其持續時間。前面我們已經講過，能夠接受婚前性交合的未婚女性有69％，回憶起婚前性交合時沒有什麼心理不安的已婚女性有77％。

對於任何一種性行為類型的心理後果，在很大程度上取決於當事者和她所在的社會群體對此的評價。性交合之後偶爾引起的煩惱，極少是由行為本身或其中的體能輸出造成的。僅有的不良機體後果不外乎以下幾種：偶爾會意外懷孕、極少的情況下會染上性病、絕無僅有地會引起身體損傷。但是，如果性行為使一個人和自己所處的社會組織發生公開衝突，這樣的心理後果就非常嚴重，有時甚至是毀滅性的。所謂性行為引發的不良後果，經常是因為他或她無法承認或拒絕承認自己實際上從中獲得滿足，或者是因為他或她頑固地認為性行為不是根本不能滿足自己，就是一定會用某種方式帶來意外的後果。這一切，都反映他或她所處的社會共同體的性態度。

我們的若干調查完全能夠證實上面的分析。在這些女性中，對於任何一種性行為的當事者，有很多人之後根本沒有產生任何心理煩惱。但是同樣的行為，卻讓另一些人有羞恥、自責、絕望、鋌而走險，甚至企圖自殺的想法，最簡單的事情也能被這樣的人搞成像魔鬼般可怕。實際上，這些煩惱是當事者本人的性態度和社會戒律製造出來的，但是由於我們不理解這一點，大多數人都覺得，自己的煩惱最可以直接地證明性行為本身在本質上是錯誤的，是不道德的。

世界上的各種文化中，有的是嚴厲懲罰幾乎一切類型的性行為，有的卻把同樣的行為當作快樂的泉源和社會價值的所在。大多數文化都讚賞異性性交合，但是佛教教徒和天主教士卻禁止它。在一些文化裡，對同性性行為處以刑罰，但是在另一些文化裡，同性性行為卻得到寬容，有的文化

則把它當成神聖的宗教儀式，連佛教徒也允許它的存在。那些文化所接受的性行為，都沒有讓個人產生內心衝突，也沒有給社會帶來難以解釋的難題；但是在不接受這種行為的文化中，會譴責、懲處、禁忌，甚至動用刑法來嚴懲它。結果對於同一種行為，卻會讓這個文化中的個人產生罪惡感和神經崩潰，也會造成個人和社會整體發生嚴重衝突。

在美國，那些有過自我刺激的、有過異性親暱的、有過同性性行為的、與動物有過性行為的、運用生物學上完全正常卻被我們特有文化所禁忌的性技巧的男男女女們，他們大部分的煩惱都是由上述原因造成的。

道德上的後果

在嚴厲的天主教和猶太教戒律中，在相對寬鬆一點的新教教規中，發生在正式夫妻之外的任何性交合，都屬於道德上的敗壞。在很多人的心目中，這是絕對真理，是科學或任何其他形式的邏輯思維都不能研究或質疑的，這和絕對論哲學中的其他原則一樣。上述專斷被認為是由智慧的和有道德的人們天生就有的能力產生的。他們天生就知道什麼是對和錯。許多人都毫不懷疑地認為，這是處理道德問題的正確方法。

這些很少的人之所以在任何現實主義者眼中都是絕對論者，就是因為他們在討論婚前性交合或任何其他類型的性行為到底是對還是錯的時候，根本不使用科學和邏輯思維，根本就拒絕用科學成果來修正自己的主觀想法。任何人在評價婚前性交合時，如果只說可能懷孕、墮胎、染上性病、影響日後夫妻性協調等，那他或她就只是在用道德哲學來驗證自己的信仰。這種道德哲學只是經驗的產物。只有人類能夠證明，一種行為對於個人和整個社會來說都是最好的生活方式時，它才有理由繼續存在下去。

事實上，大部分個人對婚前性交合的態度，都是處於絕對主義道德和人類天性的現實之間，在反覆掂量之後最終妥協折衷而成的。在大多數文化中，在歷史長河中，在世界各地，男女之間都有一種很明顯的區別——男性可以接受婚前性交合，女性卻不可以。這是由於這樣一種事實，如果想阻止大多數男性進行婚前性交合，結果總是證明根本不可能，而女性經常在年輕的時候缺乏性反應能力，其終生缺乏接受心理刺激的能力，結果往往總是她們很容易被控制。因此，社會總是希望她們更嚴守道德和社會戒律。這種「雙重標準」，部分是基於承認兩大性別之間的實際差異，而不僅僅是基於絕對論者對於什麼是對、什麼是錯的專斷結論。

　　當然，男性和女性對婚前性交合也持有不同的社會態度，並且歷史地植根於某些經濟因素之中。在古代戒律中，嚴懲女性婚前性活動的原因是，它們損壞了男性對於自己妻子的財產式佔有權。根據男性生長在其中的文化標準，在新婚之夜女性必須是處女，和男性買來的牛或其他物品必須是完好無損的一樣。在古代巴比倫法典、猶太法典和其他法典中，戒律主要嚴禁女性訂婚之後的性活動，如果有人奪去了她的貞操，那個人就要被罰交出一筆贖金，數額和她未婚夫之前交給她父親的聘禮一樣多，那個人也必須向她的丈夫、父親或未婚夫交納贖金，因為他破壞了他們對女性的佔有權。在一些方面，英國婚姻法仍然承認男性對其妻子或想要娶的女性的人身佔有權。但是美國法律多少地解除了男性的這種佔有權。只有我們對婚前性交合的道德評價，仍然被三、四千年前古巴比倫人或其他什麼人所制定的經濟原則所左右。

　　很多美國男性，尤其是處於一些社會階層或特殊地區的男性，一方面喜歡尋找機會和每個可能的女性進行性交合，而另一方面又堅持他自己所

要娶的女性在新婚之夜必須仍然是處女。正好是男性，而不是女性，表達這種自相矛盾的要求。他將捍衛自己與另一個男性的姐妹或妻子發生性交合的權利，但是他也會痛打或殺死那個試圖和他自己的姐妹、未婚妻、女兒、妻子進行性交合的男性。在美國的一些地方，成文法和習慣法仍然傾向於給予男性捍衛自己榮譽的權利，而現在他稱為榮譽的那個東西，只是作為財產佔有權而載入古代法典的東西的遺傳物。

女性則較少地傾向於要求自己的丈夫在新婚之夜時仍然是「處男」。我們的調查發現想和處女結婚的男性有40％多一些，但是在女性中持有同樣想法的人只有23％，並且傾向於和非處男結婚的女性卻有32％。其他42％的女性認為處男或非處男都可以，影響不大。

男性的性狀況，與他用法典形式規定女性的性行為模式之間有衝突。為了解決這個衝突，世界上大部分民族在其整個歷史中，都一直在廣泛採用具有悠久歷史的異性娼妓制度。在東方、北非、歐洲大陸、地中海周圍和拉丁美洲的大多數文化中，男性的相當一部分婚前性交合顯然都是和妓女發生的。

在西班牙和拉丁美洲國家，父母和監護人日夜堅守著出身高貴的女孩們。她們的護衛如此之嚴，以至於男性們都覺得，最好還是到妓女那裡去尋找性釋放，並且妓女提供的性交合，遠遠好於他和自己要娶的女孩，因為反對出身較高貴的女孩進行婚前性交合的傳統太嚴酷。在我們的調查中發現，一些西班牙男性和歐洲其他國家的男性，因為他們對妻子有著一種和他們敬畏自己母親、姐妹和所有未婚的「體面」女孩一樣的敬畏，所以根本沒辦法和自己的妻子進行性交合。結果，一些生長在這種文化中的男性，即使在結婚之後，仍然繼續和妓女或女僕進行性交合，獨獨不理自己

的妻子。

第二種控制婚前性交合的廣泛應用的辦法，就是在猶太教—基督教文化中對男女都要求婚前貞潔。在美國，這是最重要的阻止婚前性活動的因素。但是在本書中，我們所揭示的發生率和頻率的資料都表示，這種鎮壓的實際作用其實非常有限。反對雙重性道德標準的人，一般總要求男性也應該同樣遵守我們的文化強加給女性的那些禁規。但我們的調查指出，另一種單一標準的發展正在消除雙重標準，即在女性中婚前性交合也越來越多，正在慢慢接近在男性中的水準。

法律的影響

關於婚前性交合的成文法來自於道德戒律，並且在很大程度上反映其要求。這表示成文法只是中世紀和文藝復興時期歐洲猶太教和基督教遺產的派生物，是英國宗教法庭加以發展的性法律的產物，是美國殖民地時期的法律和習俗的產物。

美國48個州的法律大部分是源自一個基本的模式，但是各州法律的內容在設法限制婚前性交合方面和運用什麼手段執行這樣的法律條文方面，卻非常不同。無論是少男還是少女，幾乎所有的州都禁止青少年性交合。但是，在各個州中青少年的年齡標準是不一樣的，最小的定為14歲以下，最大的定為21歲以下，大約有23個州定為18歲以下。

儘管法庭在名義上認為青少年性墮落不能用刑法來懲罰，但是在實際審案中，法庭卻經常極其嚴酷，施加的懲罰可以重於對成年人的處罰。對於大部分州來說，法官都可以把一個墮落的青少年送到青少年監獄，那裡的監管比一般成人監獄要嚴酷得多，而且刑期特別長，以至於青少年從墮

落之時起到成年之日止，一直是待在監獄裡。一些青少年的刑期長達6年或8年，較多的是3年或4年。

　　大約有35個州，把一個人從成年之日到結婚之時，期間發生的婚前性交合當作通姦罪來懲罰。但是也有13個州認為，發生在這個時期的性交合，不能訴諸刑法並加以懲處。但是前提是，必須能夠證明它是雙方願意的，而且沒有出現欺騙、暴力、當眾顯示或現金交易等情況。

　　但是，無論法律條文如何規定，在任何一個州裡，對婚前性交合的實際審理，普遍隨著時間和地點的不同而不同。事實上，很大程度地是由當地人的態度，執法官員和法庭上的法官是何種社會階層出身，及其具有什麼樣的道德準則來決定的。當案件是關係到20歲以下的青年時，尤其當它關係到不同種族的人，或者是一個成年男性和一個比他小的女孩時，法庭就會變得最嚴酷。

　　有一些地方法官，主要是那些出身於社會低階層的法官，能夠理解現實，所以對由他審理的這種案件就不怎麼大驚小怪，很少給案件添枝加葉。但是也有另一些法官，主要是出身於上層社會，教育程度較高，或者格外信仰宗教的那些法官，總是把站在他們面前的人統統判為犯有墮落罪或通姦罪，無論是女孩、小夥子、成年女性還是中年男性。

　　不管法官、州檢察官還是一般公眾，都絕對不願意相信這樣一個事實：被他們送上法庭的，只不過是全部婚前性交合中的一小部分。除了真的被法律懲處的人之外，我們根本無法讓任何人相信，那些被懲處者，只不過是成千上萬個有過這種性活動的人中，極少數的幾個倒楣鬼。我們也無法讓任何人跟蹤和逮捕這些倒楣者，充其量這只不過是目前社會環境所派生出來的一些古怪念頭而已。

想要真正地搞清楚這些事情的真相也不困難。一個人如果使用我們這裡提供的發生率和頻率就能想到：在僅僅一年的時間裡，他或她的未婚朋友中就有過多少次性交合；在他或她的近鄰中，在整個城區中，有過性交合的總人數和總次數更是驚人。但是，除了最親密的好朋友之外，誰又真的知道或看到過別人的哪怕一件這種事情呢？

　　在古希臘羅馬、後來的歐洲、東方及當今世界中，大量的記載讓人相信，非法性交合的人經常被別人當場發現。但是事實上，在我們調查過的2020人中，偶然地發現和看到別人在婚前性交合的人只有29個。這就意味著，在我們記錄的每10萬次婚前性交合中，只有不超過6次是被別人當場發現的。更令人驚訝的是，雖然我們調查到一些人（男女都有）確實曾經被判有罪並且處以重刑，但都是因為有其他形式的證據證明他們確實發生性交合；由於真的被別人當場發現婚前性交合，並因此被判刑的事例，實際上連一件都沒有。

　　對於來美國訪問的外國人來說，最令他們驚訝不已的是：美國性法律竟然想懲罰那些雙方情願的、沒有出現暴力的婚前性交合。我們已經說過，世界上沒有哪種文化像我們美國這樣，認為任何非夫妻的，哪怕是成年男女之間的性交合，都是觸犯刑律。但是，大多數美國青年，無論他們在道德上持何種態度，都不認為婚前性交合是觸犯刑律的。

社會方面的意義

　　很多人都認為，對婚前性交合來說，最重要的是應該考慮它會不會造成懷孕和性病，在日後婚內性協調方面，它會在情緒上和現實中產生什麼樣的作用。

關於婚前懷孕，根據官方統計，美國每年有13％的非婚生嬰兒出生，真實資料可能是官方統計資料的好幾倍。這個問題在歐洲和亞洲許多地區更是嚴重，而且在歷史上也是一個比現在更重要的因素。社會之所以對控制非婚性交合的興趣日增不減，其中一個重要原因毫無疑問是為了控制婚前懷孕，為了讓孩子們都有負責任的父母。

　　我們調查了已開始青春期至40歲之間的、有過婚前性交合的2094名白人女性是否懷過孕。其中，有將近18％的人懷過孕，相當一部分懷孕是發生在雙方訂婚以後。懷孕者中，曾經懷孕至少一次的人大約有15％。

　　但是，每一次性交合的懷孕可能性非常小。上述2094名女性總共大約有46萬次性交合，也就意味著大約在1000次性交合中，才有一次懷孕。但是，考慮到現代避孕手段很有效，只要使用得當就很少失敗，當前婚前性交合中的懷孕機率還是有點偏高。

　　對於感染性病，雖然我們調查過的人，包括老年婦女，這些人在發生婚前性交合時，人們還沒有辦法控制性病，但是全體女性的性病感染率還是非常低的。我們對1753個女性是否染上性病進行調查，其中，確實染上某種性病的只有44人。當今醫學已經可以簡單而迅速地治好梅毒和淋病，這就致使它們不再是婚前性交合中的大事了。在一些較低的社會階層中，性病發生率可能會高一些，但是即使在這些階層中，當前的醫療手段也可以使性病不再是什麼社會重大事件。

　　在情感意義方面，由於婚前性交合總是懷有巨大的激情，就可以產生一些深遠效果，這些效果具有相當大的社會意義。在人際性接觸中，兩個人可以相互熟悉，互相理解，學習如何協調雙方的肉體與情神，還可以用一種在任何其他社會交往中都不可能存在的方式，達到互相欣賞對方人格

和個性的目的。掌握如何對一個性夥伴做出激情的反應，會有利於一個人更有效地建立其他非性的社會關係。

在對婚姻的作用方面，和我們在《男性性行為》一書中所指出的一樣，嬰兒天生就有一種肉體接觸的能力，天生就需要依偎著另一個人。這種接觸有利於他（她）的情感發育。但是，隨著嬰兒的成長，我們的文化卻一直教誨他（她）不應該從事肉體接觸，必須深深地隱藏起來他（她）對直系親屬以外的任何人的激情反應。許多人認為，這種禁錮應該一直延續到結婚之時。然後，為了鞏固他們的婚姻關係，新婚夫妻又必須馬上解除他們已經有的一切心理壁壘，去協調他們的肉體和情感。不幸的是，結婚典禮並沒有創造出一種完成所有任務的神奇魔法，我們在調查中遇到非常多的女性和相當多的男性，他們結婚之後都發現，根本沒有辦法重新像小孩那樣無拘無束地互相接觸和交往，也無法重新學會怎麼在雙方的肉體接觸和情感交流中，做出毫不掩飾的反應。

至少在理論上，婚前人際性交往，不管是透過親暱愛撫還是性交合，都是有利於發展婚後所需要的情感能力的。剛開始學習的效果要大於婚後才開始學習。但是許多人認為，婚前性交合中的激情肯定沒有婚後那麼豐富，甚至有人堅持認為，婚前性活動肯定大大減少女性婚後的協調，以及獲得滿足的欲望。

在這一點上，我們顯然不可能考察婚前性交合對日後幾十年的婚姻全過程發揮了怎樣的作用，但是我們完全可以比較一下女性婚前和婚後性高潮的發生率與頻率，看一下兩者之間存在什麼關聯。在後面的章節中，我們將詳細講述有關資料和比較的結果，這裡只是簡單地強調一下。

我們的資料表示，兩者之間確實有明顯的正比例關係。即婚前較多地

達到性高潮的女性，婚後也越多地達到性高潮。對於婚前從來沒有過任何性行為的女性，在婚後第一年的任何一次性交合中都不能達到性高潮的人有44％。那些有過婚前性交合卻從來沒有達到性高潮的女性，在婚後第一年中也仍然達不到性高潮的人有38％到56％。相反，對於婚前達到性高潮至少有25次的女性，在婚後第一年中達不到性高潮的人只有3％。即使把婚後15年中的情況和婚前性交合聯繫起來觀察，結果也相差無幾。

在有過婚前性高潮的女性中，50％到57％的人在婚後第一年的每一次性交合中都達到性高潮。對於那些沒有婚前性交合或沒達到過性高潮的人來說，能夠這樣做的女性只有29％。

這種情況或許是自然選擇的結果，也或許是因果關係。性反應最強的女性，可能正好是那些婚前性交合最多的人。並且，因為她們的性反應能力最強，所以她們也就是在婚內最經常達到性高潮的那些人。那些婚前禁慾的女性，則可能是性心理反應較弱的人，所以她們也就通常是那些保持貞操的人，不管是在婚前還是婚後。

但是這種自然選擇因素並不可以解釋全部現象，心理學和社會學的資料都顯示，早年的經歷特別重要，在一個人形成思維習慣和日後難以改變的態度的過程中，它始終發揮著非常大的作用。很多資料都證明，我們可以逐步培養和發展達到性高潮的能力，一些新婚後沒有性反應的女性在多年之後提高了自己的這種能力。我們在調查中也發現，有些女性很多年都沒有性反應，甚至有些人在結婚28年以後才開始達到性高潮。

進一步的資料顯示，自我禁錮經常是沒辦法達到性高潮的原因，它阻礙人們縱情地投入到性生活中，而這又是達到性高潮所必要的。自我禁錮源自對束縛行為產生消極否定的反應或某些理念化過程，它們都會干擾人

的自發功能和無意識功能，而這些正是滿意的性行為所需要的功能。

　　一個人在婚前多年都受到禁錮和阻礙，又迴避肉體接觸和激情反應，他（她）所形成的自我束縛就會損害自己的反應能力。如果結婚這件事仍然不能消除這種束縛，他（她）就會在婚後很多年裡將繼續受到折磨。在婚前的自我刺激和親暱愛撫中所獲得的性高潮，雖然也有利於婚後達到性高潮的能力，但是它們的作用都沒有婚前性交合大。

　　不管社會贊成婚前性交合與否，在做決定時，我們都應該考慮以下幾點：男女從做出社會所禁忌的任何行為中所獲得的激情效果；這些行為實際上是否損害整個社會組織；如何解決對性交合的正常生理要求，與社會對婚前貞操的固執要求之間的一些衝突；究竟婚前禁欲和婚前性交合分別對日後婚姻的完全成功發揮怎樣的作用。

第七章

婚內性交合

對於大部分女性和男性來說，在其一生中，透過婚內性交合實現的性釋放比任何一種其他形式的性行為都多。並且，在所有性行為中，因為婚內性交合可以產生和延續家庭，所以它的社會意義最大。

我們在《男性性行為》一書中曾經指出：「社會對維繫家庭感興趣，是因為它想讓男性和女性以一種同伴關係生活在一起，進而讓他們比獨自生括時發揮更大的作用。社會感興趣的另一個原因是，這樣可以為性交合產生的嬰兒提供一個家。在猶太教和許多基督教派的哲學中，這是婚姻最重要的目的。社會感興趣的第三個原因是，這可以為成年人提供一個合法的性釋放管道，同時還可以控制雜亂性活動。」

有些人擔心家庭這種制度在當今美國社會構成中正處於危險之中，他們對日益增長的離婚率感到非常擔心。他們還發現，越來越多的婦女正在扮演家庭中的正式角色，並且在家庭以外的社會組織中獲得日益重要的社會地位，他們擔心這會擾亂傳統的性別關係。他們發現社會越來越組織化，電影

和汽車，正在把家庭從原來壁爐邊的小圈子變成生產和智慧發展的單位。尤其是，年輕一代的造反——反抗父母的控制，正在毀壞原有的家庭組織。

但是另一方面，現在結婚的人在總人口中所佔的比例，卻是美國歷史上最高的；並且越來越多的人擁有自己的小家庭，居住在自己的獨立住宅中。很多人都認為，這類變化中的一個好處是非常有利於建立一種新的家庭形式，它比我們祖輩那種家長制獨裁控制的家庭組織更有益。

在前人類家庭裡，例如在野生動物中，依靠雄性首領的強大體力來進行統治。在這樣的組織中，成年個體之間幾乎沒有任何同伴關係，後代依靠母親來獲取大多數的照料和保護。直到150年前，歐洲和美國的很多人類家庭，仍然如同野生動物那樣近乎絕對地由男性統治。

但是，隨著女性日益成為我們西方文化中政治、經濟和精神生活領域中的重要力量，婚姻也日益變成一種同伴關係，責任、義務和特殊權利平等地由配偶雙方共同或各自承擔。同時，隨著人們日益理解人類的心理，特別是日益重視一個人早年的生活，人們開始把孩子當作家庭的一個平等參與者來對待。這在一個世紀之前的歐美是絕對不存在的。

更多的人和更多的家庭成員有了上述的那些覺醒後，美國和世界上其他一些地方的人們，對那些有利於家庭美滿的因素更加感興趣了，更強調對現代青年和成年人進行培訓，使他們成為更美滿的婚姻伴侶。正是在這樣的大背景之下，性教育、婚前性行為、成年人的非婚性活動，以及婚內性交合的技巧和頻率等，今天都發展起來了。

我們這一章將要討論婚內性交合在已婚女性性生活中的地位，以及造成婚內性交合成功或失敗的各種因素。

各種因素對婚內性交合的影響

在我們調查的美國女性中，婚內性交合的發生率和頻率，都是在婚後第一或第二年內達到頂峰，然後就一直下降，年齡最大的人也就是最低的。女性的任何一種性行為，都沒有這樣隨年齡增長而一直下降的。

發生率

和其他性行為不一樣，在新婚剛開始的時候，女性婚內性交合的累計發生率就達到頂峰，並且接近100％。但是由於極少數夫妻在結婚後幾個月、一年甚至更久的時間才發生首次性交合，還有極少數夫妻婚後根本就沒有過性交合，所以並沒有達到100％。一些女性並不是真的要和丈夫生活在一起，還有一些女性有生理障礙，根本沒有性交合的能力。此外，一些男同性性行為者雖然按照習俗結了婚，但是他們完全戒除了婚內性交合。

對於較年輕的已婚女性來說，婚後性交合發生率超過了99％。但是30歲以後，發生率開始下降。對於31～35歲的已婚女性來說，98％的人仍然有婚內性交合；但是在55歲以上的女性中，這個比例就降為80％了。男性中也有同樣的下降趨勢，但是女性的下降幅度大於男性。例如，50歲以後，仍然有婚內性交合的男性有97％，但是女性只有93％；到60歲時，男性中仍然有94％，而女性中只有80％。這可能是因為男女抽樣方式的不同，也可能是因為夫妻一般年齡都並不相同，也可能是因為男性認為頻率

極低的性交合也算數，但是女性則認為那樣的不算。

性交合的頻率

對於20歲之前結婚的女性來說，婚內性交合的頻率平均是每週2.8次，30歲時變為每週2.2次，到40歲時是每週1.5次，到50歲時是每週1.0次，到60歲時是每週0.6次。這些資料和男性的頻率比較接近。如果分別考察一對一對的夫妻，妻子估計的婚內性交合次數，總是高於丈夫的估計。顯然，這是因為一些女性反對高頻性交合，所以過多地估計了實際性交合的次數。相反，男性希望自己有更多的性交合，所以就低估自己實際的性交合次數。

有些人的頻率比所有人的平均頻率要高很多，我們收集數百份已婚者的性日記，發現人們的婚內性交合是非常有規律的。當然，其中有病患期、月經來潮期或懷孕期、夫妻分開期，和其他中斷期，但是從整體上來看，女性婚內性交合的那種顯著規律性，是她的其他任何性行為方式中所沒有的。具有女性這樣的規律性的只有男性的自我刺激、性交合和某些時候的同性性行為。這說明，婚內性交合中主要是男性具有規律的性反應，而不是女性。

頻率的個體差異

這個方面有非常大的差異。一個顯然的原因是不同的女性個體在興趣和能力上有比較大的差異；同時還有一個原因是，她們的丈夫在興趣和能力上存在巨大的差異。

妻子中大多數人的頻率和平均數差不多。年輕妻子是每週2～4次，但是40歲之後卻急劇下降為每週1次左右。年輕妻子中，很少人是少於每兩週

一次，但是較老的妻子中，卻比較多；到45歲左右的時候，多數妻子都是這樣的。

針對最高頻率，20歲以前的妻子中，有約14％的人每週性交合頻率達到7次或更多。到30歲的時候，只有5％的這樣的妻子；到40歲的時候，只有3％。然而，在任何一個年齡段中，都有一些女性在一個星期的每一天裡都平均有4次性交合。到55歲的時候，我們只發現有2個妻子的頻率達到每週7次或8次，並且再也沒有人超過這個頻率。

性高潮的發生率和頻率

一般妻子只能在一部分性交合中達到性高潮。在任何時候的任何一次性交合中，都從來沒有達到過性高潮的妻子總計約有10％。婚後第一年，至少達到過一次性高潮的妻子約有75％。結婚約20年以後，性高潮累計發生率為90％。

在任何一個年齡段中，妻子達到性高潮的人數比例，都比從事性交合的人數比例要少。例如，16～20歲的妻子中有過性交合的人幾乎是100％，但是只有71％的人達到性高潮。20歲之後，性高潮發生率逐步增加。最高峰是31～40歲之間，至少達到過一次性高潮的妻子有90％。這表示，當絕大部分妻子都有了性反應之後，仍然有10％的妻子從來沒有達到過性高潮。41歲以後，達到性高潮的妻子的人數慢慢減少，到55歲時只有78％，55歲以後只有65％。

年齡對發生率和頻率的表面影響

我們必須說明，上面講的婚內性交合和達到性高潮的發生率和頻率的降低，並不是女性的性能力隨年齡增長而降低的充分證明。對於自我刺

激和達到性高潮的性夢這樣的性行為，在55歲或60歲之前，女性的頻率逐漸增加而到達頂峰，並且會多少保持一段時間。因為女性大都是自我選擇而進行自我刺激的，所以測定女性性興趣和性反應能力的最好尺度是自我刺激的頻率。在婚前親暱愛撫這樣的人際性行為中，女性的性高潮頻率在年輕時達到頂峰，之後就會下降。這樣的性行為主要是由男性的欲望所支配，所以造成頻率下降的，不是女性失去興趣或能力，而主要是男性的年齡造成的。

同樣道理，隨著妻子的年齡增大，而婚內性交合發生率和頻率一直下降的現象，也肯定是丈夫年齡變大的產物。幾乎沒有什麼證據可以證明，在晚年之前，女性的性能力會隨年齡的增長而降低。

造成這種現象的一個原因是，男性年輕時最渴望有性接觸，但是這個時候女性的性反應能力還沒有發展起來。她接受很多性禁錮，進而使得她沒辦法自由自在地投入到婚內性活動，她努力掙脫這種禁錮。但是隨著時間的推移，禁錮對她的影響越來越小，她對性生活的興趣越來越大，並且可以一直保持到50歲，甚至60歲。但是到這個時候，一般男性的性反應能力已經極大地減弱了，他大大降低對性交合的興趣，尤其是對和那個過去一直反對他的高頻性要求的妻子進行性交合的興趣就更少了。很多丈夫說，新婚後的那段時間內，他們要求的性交合次數要多於妻子要求的。很多年輕妻子說，她們認為已經足夠的性交合頻率，要低於丈夫所希望的。但是，結婚多年以後，很多女性希望性交合的次數，要多於丈夫所希望的。男性性興趣的下降，主要是因為生理上的老化，部分是因為在婚後初期沒有建立起美滿的相互關係。還有一部分原因則是非常多的男性，尤其是受教育程度較高者，40～50歲的時候正在從事婚外性交合或其他婚外性

活動，進而造成他們減少和妻子的性交合。

在性釋放整體中所佔的比例

已婚女性的婚內性交合是她性釋放整體的77％～87％。對於20歲之前的妻子，這個比例是84％，對於21～25歲之間的妻子，這個比例達到頂峰，是89％；之後就開始一直下降。到60歲的時候，就只有72％了。

造成這種比例下降的一部分原因，是性交合的頻率下降了很多，並且還有很多是透過其他途徑釋放的。此外，隨著年齡的增大，妻子們的重要的性釋放途徑又多了自我刺激和婚外性交合這兩條管道。還有個原因是，結婚越久的妻子，達到性高潮的人就越少。

受教育程度對婚內性交合的影響

令人驚訝的是，對於受教育程度不同的女性，其婚內性交合的發生率和頻率竟然沒有很大的差別。一般人都以為，最窮的人有最高的性交合頻率。但是，在我們的調查中，卻發現並沒有什麼可靠的根據來證明這個說法。

然而，在幾乎每個年齡段中，特別是較年輕者中，對於受教育較少的女性，其在婚內性交合中達到性高潮的人數也比較少。在較年輕者中，受教育較少的女性達到性高潮的比例，比受教育較多的女性少10％。但是，到30歲之後，兩者的差距就只有1％～6％，並不那麼明顯了。本章的後半部分對此會有進一步的分析。

在較年輕女性中，國中程度者的平均性交合頻率稍微高一些，但只是在2～5週之內才會多一次。到35歲的時候，這種差距就基本上消失了。

在較年輕女性中，對於不同受教育程度者，其婚內性交合在性釋放整

體中所佔的比例並沒有太大區別。然而到25歲以後，大學和研究生教育程度的女性的這個比例，開始降低一些。例如，20歲以後，高中程度者的這個比例是73%～80%，但是研究生的這個比例卻只有60%～65%。這非常類似於男性中的現象，我們比較傾向於以為這些差異非常重要。年齡較大者的性釋放所佔比例的下降，並不是因為她們希望用自我刺激或婚外性交合來代替婚內性交合，而是由於年齡較大、受教育較多的男性，不再感興趣於之前那麼高頻的性交合，或者是他們更依賴婚外性交合和自我刺激。反之，教育程度低的男性即使結婚很久，也不會出現這種轉變。所以，教育程度低的女性也就可以繼續把和丈夫的性交合作為主要的性釋放途徑。

父母所處階層的影響

在每一年齡段中，對於出身在不同階層家庭的女性，其婚內性交合的發生率基本一樣，其父母的職業等級也不會影響達到性高潮的人數。只有在16～20歲的出身在低階層家庭的妻子中，達到性高潮的人數稍微少一點。在每一年齡段中，出身在體力勞動者家庭的女性，其達到性高潮的頻率會低一點。

對於婚內性結合在性釋放整體中所佔的比例，情況也大致相同。16～20歲之間出生在體力勞動者家庭的女性的這個比例低一點，20歲以後，這種差異就消失了。30歲之後，情況又反過來了。對於出身在白領上層家庭的女性，這個比重反而下降了，這和其他任何出身的女性都相反。

世代差異

40年來，不同年代的女性之間，婚內性交合頻率和性高潮發生率方面有非常大的差異。我們已經講過婚前自我刺激、婚前異性親暱愛撫和婚前

性交合方面的世代差異，但是顯然具有更大社會意義的，還是婚內性交合方面的際遇變化。

對於性高潮發生率，如果只考慮婚內性交合的累計發生率，不同年代的女性之間並沒有差別。但是，提及在婚內性交合中達到性高潮的人數（發生率），不同年代的人卻有非常鮮明的差別，並且還逐代增加。顯然，這也表示越來越少的女性對婚內性交合完全性冷漠。1900～1909年之間出生的那一代女性最早開始這個變化，她們在20世紀10年代後期和20年代中期結婚。這個變化繼續存在於之後的幾代女性當中，一直到出生在1929年之後的最年輕的一代人。在我們的20種分類形式中，出現了這種變化的有18種，並且增長幅度也很大。在16～20歲這個年齡段中，4個年代人的性高潮發生率分別是61％、61％、66％、80％；在21～25歲這個年齡段中，則分別是72％、80％、87％、89％；但是在26～30歲年齡段中，則為80％、86％、91％、93％。可以看出，在4個年代人中，婚內完全性冷漠的女性急劇減少，16～20歲年齡段中從39％減少到20％；下一個年齡段從28％減少到11％；再下一個年齡段中則從20％減少到7％。

雖然性高潮並不是最高的檢驗性關係美滿程度的標準，雖然在並沒有性高潮的性活動中，人們也能獲得很大的滿足和產生很大的意義，但是引發對婚姻不滿意的最常見原因之一，就是女性不能在性關係中達到高潮，並且這個頻率也從第一代人的每週3.3次降為第四代人的2.3次。這表示，在年輕一代中，越來越少的女性可以以老一代人那樣的頻率從事婚內性交合。造成這個結果的原因有很多，但是資料告訴我們，其中主要的原因是，很多老一代男性沒有考慮到妻子希望的性交合頻率，並且對看到她在性交合中達到性高潮不怎麼感興趣。我們認為，在現在的年輕一代男性

中，更多的人更經常地按照妻子所希望的頻率來進行婚內性交合。

在性釋放整體中所佔的比例方面，過去40年中是增長的。這主要是因為性高潮發生率和頻率都增長了，年輕一代更妥善地處理性問題，使得婚內性交合具有的意義更大。

青春期開始早晚的影響

青春期開始得早晚，並不會怎麼影響該女性以後婚內性交合的發生率和頻率，和她性高潮的發生率和頻率。

宗教信仰程度的影響

我們在之前說過，女性宗教信仰的程度對其自我刺激、婚前親暱愛撫、婚前性交合等性行為的累計發生率有非常大的影響。一般說來，女性的宗教信仰程度越低，其發生率越高，宗教信仰程度越高，其發生率越低。但是，一旦一個女性投入到任何一種婚前性活動，宗教信仰對其性活動頻率和性高潮發生率就沒有什麼影響了；即使有，也是微乎其微的。

法律和宗教戒律都允許正式結婚的夫妻之間的性交合，很多情況下，還把它當作夫妻的一種義務進行鼓勵或強制實行。所以，無論在哪種宗教徒中，無論她們的信仰程度如何，婚內性交合的各項指標都是基本一樣的。婚內性交合也和婚前性行為一樣，女性一旦投入其中，宗教信仰程度就和她們的性交合頻率和性高潮頻率沒有什麼關係了。只有在較年輕者中才有一些小的差異。女性的宗教信仰程度越高，其婚內性交合的各項指標都稍稍低一點。在大部分分類中，宗教信仰程度對女性的性高潮發生率都沒有影響，即性交總數中達到性高潮的比例，但是在女天主教徒中，虔誠者的發生率少於消極者。

事實上，我們在《男性性行為》一書中已經指出，在大多數情況下，決定著婚內性交合頻率的是男性，而且正是因為男性虔誠教徒把他們的道德態度帶進婚內性交合，所以導致其頻率很低。所以，毫不奇怪，丈夫的宗教信仰程度，而不是妻子的，會影響婚內性交合的頻率。

　　對於婚內性交合在性釋放整體中所佔的比例，宗教信仰程度的影響較大，這和發生率、頻率是正好相反的。我們一共分了9個對照組，其中8個組都顯示，越虔誠的女教徒，這個比例也越高一點，在一些對照組中，虔誠者比消極者高出12%～14%；在大多數對照組中會高出4%～12%。這表示，宗教信仰程度不高的女性，會更經常地在非婚性行為中達到性高潮。

婚內性交合的技巧

人類男女在性交合中所使用的技巧是千變萬化的，他們使用哪種技巧，一部分是由他們所在的文化群體的性習俗來決定的，一部分是由他們對特殊性技巧的瞭解程度和偏愛程度來決定的，也有一部分是由他們的生理能力和心理能力來決定的，還有一部分是由他們的年齡、健康狀況、體能和精神狀態來決定的。

性交合前愛撫的技巧

對大部分男性和女性來說，如果沒有一些性遊戲式的活動，他們不會想要進行生殖器的直接交合。我們已經說過，在大多數前人類動物中是這樣，在人類男女中也更是這樣。然而，在我們美國文化裡的某些社會階層中，在世界上其他一些文化中，都有迴避性交合前愛撫的現象，也都有一些要求性接觸僅局限在生殖器的直接交合的社會命令。這可以讓男性直接達到性高潮，卻沒有考慮或很少考慮如何讓女性也產生性喚起。

在我們的調查中，只有0.2%的女性說，在婚內性交合過程中，她們一直戒除任何一種親暱愛撫，這樣的女性都是在1909年之前出生的。她們這樣做的原因，有些是因為她們的丈夫希望她們這樣做，有些則是因為在從事愛撫時她們自己會產生犯罪感；有些是因為不管是丈夫還是妻子，都不認為這種性交合前的愛撫會有什麼好處；有些是因為一方或雙方對某種道

德戒律絕對信奉，認為只有在特別需要懷孕的情況下，才可以從事這樣的性活動。

　　婚內性交合前的親暱愛撫技巧，和我們之前講過的婚前親暱愛撫技巧是一樣的。在婚內性交合中，運用簡單接脣吻的夫妻有99.4%；但其他進一步的技巧，使用率就慢慢降低。98%的夫妻是男性手摩刺激女性乳房，95%的夫妻是男性手摩刺激女性生殖器，93%的夫妻是男性口刺激女性乳房，91%的夫妻是女性手摩刺激男性生殖器，87%的夫妻是深吻（接舌吻），只有54%的夫妻是男性口刺激女性生殖器，僅有49%的夫妻是女性口刺激男性生殖器。當然，不定期還有一些其他技巧，但是使用率都不是很高。

　　婚內愛撫技巧的使用率，和婚前愛撫的使用率基本相同。但是一般說來，那些婚前性交合次數較多的女性，在婚前使用的愛撫技巧比在婚後更多更久。這是因為，結婚後性交合非常容易，唾手可得，所以也就沒有那麼大的必要再去豐富性交合的內容了。婚前和婚後兩種性交合前愛撫的最明顯區別是，婚後女性更願意用手撫弄丈夫的生殖器，丈夫對妻子和妻子對丈夫的口刺激生殖器活動也變得更為普遍。

　　在過去的40年中，性交合前愛撫的技巧發生際遇變化。出生於1900年之前的一代女性中，只有80%的人用手撫弄丈夫的生殖器；在以後幾代中，這個比例已經增加到95%。出生在1900年之前的那一代女性中，只有約29%的人用口刺激男性的生殖器；而1920～1929年之間出生的這一代女性，這樣做過的人卻有57%。出生在1900年以後的幾代女性中，人們更廣泛更經常地使用口刺激的各種技巧。在其他技巧方面，第一代和第四代相比，手摩刺激女生殖器從88%上升到97%，口刺激女生殖器從42%上升到

57%，深吻（接舌吻）從74%上升到92%，口刺激女性乳房從83%上升到97%。

不同受教育程度的女性之間，其使用愛撫技巧方面的差異，不像同一文化程度女性的世代差異那麼大。只有國中教育程度的女性，表現出更不願或不敢使用愛撫技巧。在很多技巧方面，特別是在新一代女性中，大學程度的女性是使用運用得最多的，並且都超過了總平均數；研究生程度的女性是第二多的；大學以下教育程度的女性最少。例如，出生在1920年到1929年的一代女性中，用口刺激男生殖器者的比例，在大學程度中是62%（平均數是57%）；在研究生和大學以下都是52%。再如，接受丈夫用口刺激自己生殖器的女性，在大學教育程度者中是64%（平均水準是57%），而研究生教育程度者為51%，大學以下為49%。然而，在1900～1919年出生的那兩代女性中，研究生程度的女性是最經常使用大部分技巧的，特別是口刺激技巧，大學程度者是第二，最少的仍然是高中程度者。

性交合體位

幾乎所有女性都說，男上位是自己最經常使用的性交合體位，男上位是女性仰臥、面朝上，男性在女性之上、面朝下的體位。歐美文化普遍使用的傳統體位就是這種。對很多人來說，這好像就是生物學意義上唯一一個正常的體位。但是哺乳動物卻很少使用這種體位。即使在年輕的大猩猩中，我們也不可以肯定牠們就經常使用這個體位。有許多證據說明，在古希臘和古羅馬，人們並沒有像今天這麼普遍地使用男上位。在亞洲、非洲和大洋洲的很多地方，人們都會使用著很多其他體位。我們的歐美文化幾乎把性交合完全限定在男上位這種體位中，這只不過是一種文化發展的產

物，並不是由生物本質所決定的現象。如果能搞清楚，為什麼我們的文化會變得認為男上位是唯一正常的性交合體位，其意義將會特別重大。

透過資料發現，出生於1900年之後的幾代女性越來越多地使用不同的體位。在出生於1900年之前的那一代女性中，大約有16％的人只使用男上位而從來沒有使用過任何其他體位；但是在1920～1929年之間出生的那一代女性中，只有6％的人這樣做。

35％最老一代的女性和52％最年輕一代的女性使用過女上位，即女性趴在男性上面的體位。一些道德哲學家和傾向於這種哲學的臨床醫生說，他們有證據可以顯示，把男性和女性的「正常」角色這樣顛倒過來，會造成人格崩潰。但是，一些婦科專家卻非常強調性交合技巧的重要性，他們一直認為，女性應該在上面，這樣才可以發揮其解剖構造上的能夠最有利於使她達到性高潮的特點。

在調查中，我們發現有一些女性，不管她們使用什麼體位，都無法達到性高潮，但是現在我們傾向於認為，女上位表現出來的好效果不是主要由女性的解剖構造來決定的，而是更多地由另外三個因素決定：

1. 願意使用女上位的女性正好是在性活動中已經有較少束縛的女性；

2. 採用這種非傳統的技巧，可以進一步解除她所受的束縛；

3. 使用這種體位，可以讓她比躺在男性身下時更自如地運動自己的身體。

實際上，當女性在上面時，她就必須積極主動地支配和協調雙方的性交合動作。

用過側位的妻子有31％，即雙方側身而臥，互相面對面地性交合。用過後入位的妻子有約15％，即男性從後面將陰莖插入陰道。用過坐位的

妻子有9％，用過立位的妻子有4％。新婚之後是最多體位變換的時期；之後，大部分夫妻就完全使用有限的幾種或唯一一種體位了。

很多男性和少數女性，一想到兩個人的身體可以做出各種各樣的性交合姿勢，就有很強的心理刺激。不管是最古老的梵語文學、奧維德或阿拉伯人的詩集，還是今天的婚姻指導小冊子，都想列出全部人類性交合可能使用的所有體位。各種文學作品都拼命地描述多達幾十種甚至200種的性交合體位。很多美術家們也都想要描述不同體位的無比誘人之處。但是事實上，沒有什麼證據可以顯示，不管對男性還是女性，這些體位中的任何一種，對達到性高潮有什麼生理功能上的好處。所以，這些變化體位的作用，主要是它們可以當作心理刺激的手段。

雖然我們認為任何一種特殊體位，都對引發性高潮沒有什麼好處，但是如果把特殊體位的運用，當作一種檢測心理上對性接受程度的手段，它們還是具有一些重要意義的。臨床醫生發現，求診者在性交合中採用的體位可以反映出他或她的性態度，醫生經常透過這種反映來判斷求診者的性心理。

性交合前愛撫的持續時間

在這個方面，通常限於3分鐘以內的夫妻有11％；4～10分鐘的夫妻有36％；11～20分鐘的夫妻為31％；超過20分鐘的夫妻有22％，有時候會長達半小時、一小時或更長時間。那些受教育程度較高的人尤其會很長時間。有一些丈夫和妻子，每天都有2～3個小時的時間從事間斷的，甚至持續的性愛撫。

我們的資料表示，不能肯定地說性交合前愛撫的時間應該長還是短，

也不能肯定它一定會極大地影響性交合的效果或滿足程度。性交合前愛撫時間的長短，反映性夥伴雙方的個性，也反映他們喜歡接受什麼樣的性行為模式。有些人喜歡使用任何一種可以延長愛撫時間的技巧，並可以從中獲得極大的享受。很多人也認為，延長愛撫時間可以提高最終性高潮中的心理感受程度。但是也有很多女性和男性，尤其是那些受教育程度較低者，即使有限地延長任何一種性愛撫，也會感到煩惱，甚至產生犯罪感。他們使用這樣的愛撫技巧後，會減少他們在性交合中獲得的樂趣。現在的婚姻指導小冊子，並沒有充分地注意上述區別，反而長篇大論地要求人們延長性交合前愛撫的時間。這主要是因為他們認為，這種愛撫能夠增加女性達到性高潮的機會，其實這是錯誤的。

裸體睡眠和裸體性交合

性喚起並不僅僅依賴於刺激生殖器，在很多情況下，刺激身體其他部位也會產生性喚起，所以如果雙方裸體並最大限度地互相接觸肉體，他們就會發現，這時候的性交合更有美滿效果。裸體也可以為一方（尤其是男性）提供一個得到心理刺激的機會，即觀看另一方裸露的肉體。人類的體像是從不穿衣服的類人猿進化而來的，裸體性交合又有很多好處，所以從生物學的意義上來說，似乎有理由肯定地認為，故意不裸體的性交合是對正常性行為的一種偏離。

但是，總有一些女性說，在性交合中她們經常甚至一直穿著一些衣服。出生在1900年之前的一代人中，約33％的女性這樣做，但是出生於1900年以後，第一次世界大戰之後1920年代結婚的那一代女性，已經有了非常不一樣的態度。裸體性交合者的比例一直在增長，到出生於1920～

1929年之間的這一代女性之中，只有8％的人在大多數性交合中仍然穿著衣服。

總計來說，總是裸體睡眠的已婚女性有50％。出生於1900年之前的一代人中，只有37％的裸體睡眠者；但是近年來這個現象有了很大的發展，1920年以後出生的一代女性中已經有59％的人裸體睡眠。很多資料都顯示，裸體睡眠者的比例仍然在增長，估計這會讓睡衣製造商們大驚失色的。

在人類歷史上，人類害怕看到自己裸露的肉體是一種特別普遍的現象。嚴酷的正統猶太教法典在長達約兩千年之久的時間裡，一直禁止人們裸體性交合。但是在年輕一代女性中，竟然有92％的人在看到裸體的性夥伴時，既拋掉了犯罪感，也拋掉了對接觸對方裸露肉體的恐懼，毫無疑問，這是對我們往日文化的一種巨大解除的象徵。這種態度的變化也表現在性以外的很多其他方面，比如服裝和泳裝的樣式都在變化，在一切戶外體育運動中近乎裸體的活動也在日益增加，人們更廣泛地接受裸體藝術，人們更自由地討論人的裸體形態，家庭成員間的裸體更加普遍，還有我們今日美國生活方式的各種其他發展等。

新聞書刊審查機關還在拼命地試圖對人類裸體的展示進行控制，試圖控制照片和美術上對裸體的歌頌。如果他們知道，在婚內人們正在日益接受裸體，那麼局面一定非常有趣。證據表示，大部分個人並不贊成新聞書刊審查制度，它只是少數人，卻正是這些有職有權的少數人，企圖強加給全體美國人的一種制度。

道德和法律的態度

　　全世界幾乎所有的道德戒律，都認為一切其他形式的性活動都是犯罪，但是它們卻都接受婚內性交合。在大部分文化中，婚內性交合不僅僅是結婚雙方的權利，並且還是一種強制的義務。婚內性交合可以導致生殖，這是它被接受的主要原因。在猶太教和天主教法典中，在世界上其他一些文化中，婚姻和婚內性交合的首要目標和首要功能就是生殖。但是正如我們已經指出的那樣，今天的人們越來越多地認為，婚內性關係也可以發揮一種道德功能，形成並促進配偶之間良好的情感關係。正是基於這樣幾個原因，幾乎一切宗教都堅持要求婚姻必須按照宗教儀式，並且由教士來主持。所以，在世界大部分地區的大部分民族裡，婚內性關係變成一種宗教的契約和神聖的誓言。在我們美國文化中，只是近年來才出現了一些新的形式，例如：按照世俗儀式結婚，由民政當局來管理婚姻。

　　儘管如此，宗教和法律也會設置障礙，來阻礙一個人行使結婚的權利，阻礙他或她在婚內行使性交合的權利。無論是古代還是今天，很多人類組織都禁止其宗教職員結婚，也經常要求有宗教職責的人徹底實行性禁欲，還有些社會對這類人實行宗教閹割。在俄國、埃及和衣索比亞的一些地區，人們認為自我閹割是一種基督徒的至善行為。還有幾個宗教教派，包括建立新天堂公社的美國先鋒派宗教團體，直接禁止其全體成員發生性交合。在這樣的宗教戒律中，甚至連生殖這個神聖職責，也被禁欲的更高

教義壓倒了。

很多宗教團體仍然覺得婚內性交合中有不道德的一面，透過他們喋喋不休的說教就可以表現出來，他們宣稱「每個人都是在邪與惡之中受孕」；也可以透過它們在某些情況下給婚內性交合設置障礙表現出來，例如：在歐洲和美國歷史上的很多時期裡，很多時間禁止夫妻性交合，比如四旬齋（復活節前40天）、領聖餐前3天、禮拜天、耶誕節前40天、每週的兩個齋戒日（星期三和星期五）、行經之前一週（有時是之後一週）、行經期（猶太教和伊斯蘭教的戒律尤其嚴厲）、播種和收穫的時候、太陰曆中每月的一段時間，以及從發現懷孕直到分娩之後40天。一些宗教戒律還規定，每個太陰曆月份中，只有一週可以進行性交合。猶太教和伊斯蘭教戒律嚴禁男性和女性在性交合中表現出任何積極主動，不然的話就禁止他們參加任何宗教活動，直到他們透過一個特殊的儀式「淨化」自己為止。美國殖民地時代的一段時期裡，星期日性交合是一種罪惡。此外，一個出生於星期日的嬰兒不能受到洗禮，因為人們錯誤地認為，既然嬰兒出生於星期日，那麼就證明他（她）是在星期日受孕的。

但是另一方面，也有很多宗教讚美一切性活動的美和神聖的本質，而且在自己的宗教崇拜之中包括了性的象徵物和性的狂歡儀式。古印度的梵文性愛文學就是宗教聖書。古代雅典、古羅馬和印度一些聖禮中的聖殿崇拜，以及世界上很多地區原始民族的宗教儀式，都認為，不管是婚內還是非婚的性交合都是符合道德的。

猶太教和基督教的戒律都認為妻子要規矩些，並且也在較小的程度上強調丈夫要規矩，要求雙方必須經過合法的結婚儀式才可以投入性交合。

宗教還對很多不准結婚的條件進行規定，這些條件可以否定一個人

的結婚權利，或者解除已經實際結成的婚姻。這些條件中特別重要的一條是，如果一個人沒有從事性交合的生理能力，或者結婚後拒不從事性交合，就算是違反了結婚的條件。在中世紀和文藝復興時期的歐洲，如果一個妻子想解除現有的合法婚姻，就必須證明她的丈夫從結婚以後一直沒有性交合的生理能力。直至今日，一些宗教法典仍是像這樣來規定結婚和離婚的條件。

　　由於古代的婚姻概念認為，妻子是丈夫透過合法手續所獲得的財產，所以和這個概念相適應，古代法典都強調，當丈夫想要性交合時，妻子有強制式的義務去接受和滿足他的要求。但是隨著千百年時間的推移，妻子也逐漸分享到丈夫擁有的那種宗教授予的和法律保護的特權，也就是說，丈夫不得拒絕和她性交合，不然的話，就被視為遺棄行為或虐待行為，在許多州裡，這可以作為離婚的理由。在天主教法典中，配偶一方拒絕從事婚內性交合，就會被視為一種犯罪行為。在法律條文中，1824年首次承認妻子可以獲得婚內性交合的權利，而今天，她又能夠由於失去丈夫的「配偶的權利」，進而得到一筆相應的賠償費。

　　在英美法律的傳統態度中，也反映妻子在婚姻中的從屬地位。法律規定，既然一個女性同意結婚，就從此一次性地、不可更改地同意，在任何情況下都接受丈夫發起的性交合，即使是丈夫強制甚至使用暴力也得接受。就連在當今的美國刑法條文中，丈夫和妻子的性交合，不管這個事情多麼違背妻子的意願，不管丈夫使用了多少強制力量，都不算強姦行為。但是在幾乎所有的州裡，如果丈夫使用過分的強制力量，他可以被指控為暴力威脅和毆打，他可以立即受到懲罰，但不是按照刑法來判罪，也由於這種行為可以使妻子提出離婚。

在不同時代中，法庭都要調查婚內性交合頻率，包括現在的法庭審理離婚案時，法官也要追問丈夫提出的性交合頻率，來判定這個頻率是否可以構成離婚的理由。即使頻率還不到每天一次，法庭也一直認為這頻率太過分、太殘忍，可以依此判決離婚。法律根本不瞭解，總人口中的很大一部分人，就是以這樣的高頻率來進行婚內性交合的，這又是一個法律無視事實的例證。

一般人都不知道，配偶雙方所使用的性交合技巧，也會成為法律嚴禁的目標，即使是在婚內使用，法律也會像對待非婚者那樣進行禁止。以前的戒律規定，人們性交合時必須使用哪種體位。早期天主教法典規定，只可以採用男上位，使用任何一種其他體位都是犯罪。即使到了世俗政權打破教會權威之後的時代，人們也會因為使用其他體位而受到懲罰。但另一方面，猶太教法典卻不對使用其他體位進行譴責。

在美國大多數州裡，存在一種所謂的「所多瑪式」行為（非自然法性行為），是指配偶之間用口和生殖器接觸和肛門性交，同時，也指不管發生在異性之間還是同性之間的非婚雙方的這種行為。讓人奇怪的是，很少有人也很少有著作意識到，這種行為也可以發生在夫妻之間。很多法官在懲罰這種行為時，只知道使用謀殺、綁架和強姦等罪名。法庭記錄裡，也有很多亂用「所多瑪行為」罪名的案例。在一個案子中，有一個男性只是因為求他的妻子和他做這樣的活動而被判罪，這是非常離譜的。我們還知道一些案例，因為配偶一方的反對，或者因為別人發現夫妻雙方在從事口刺激或肛門刺激而被判罪。當然，根據這樣的法律而被判罪的人很少，但是只要書中有這些法律，進行這種性行為的人就有可能成為陰謀詭計和敲詐勒索的犧牲品，有些州把夫妻虐待作為離婚的理由之一。

女性性高潮的情況

由於性高潮並不是決定性滿足程度的唯一因素，所以我們不能過分強調它的作用。在性關係的社會意義方面，人們也可以從那些沒有到達高潮的性活動中得到很大的快樂。不管她自己是否有性高潮，很多女性在知道她的丈夫或是性夥伴喜歡這種接觸時，或是知道自己是在為男性的快樂做出貢獻時，都一樣會得到滿足。在調查中，我們發現有很多人，他們已經結婚很多年，但是妻子從來沒有在婚內性交合中達到高潮，可是因為雙方在家庭生活的其他方面都協調得很好，所以婚姻依舊很好地維繫下來了。

雖然我們認為，性高潮是檢測女性性活動頻率的標準，並且強調性高潮在女性的生理釋放和社會交往方面的重大意義，但是我們必須一直清醒地意識到，性高潮並不是性關係美滿唯一的重要部分。這一點對女性來說非常符合情況，但是如果男性總達不到性高潮，我們就會懷疑他們是否還會繼續其婚內性交合，即使只是延續一小段時間。

然而，我們的調查資料也證實了臨床醫生已經發現的一些規律——如果女性在婚內性交合中長期沒有性高潮，或者是有性高潮的頻率不高，那確實會給婚姻的美滿帶來很大的威脅。假如女性在完全的性活動中，沒有得到她本應該得到的滿足和生理釋放，假如她因沒辦法實現她認為自己應該實現的目標而感到失望，她就可能產生一種不如別人的感覺，這會極大地減少她以後得到美滿性關係的可能性。

女性沒辦法達到性高潮，同時也可能讓男性感到特別失望。現在的大部分男性，尤其是受教育程度較高的男性，總認為自己有責任讓女性也在性交合中獲得和自己一樣的滿足。對這樣的男性來說，妻子沒辦法達到高潮，表示他自己的無能。結果，他也會產生低人一等的感覺，這又會進一步加大性交合中的難度。如果出現這種情況，性交合不僅不會有利於婚姻的鞏固，反而會導致雙方失望、爭吵，以及更嚴重的失調。

　　男女雙方的共同反應，對同一個人際性關係來說，也有非常大的意義。因為一方可以激勵另一方的反應，進而強化自己的反應，如果一個男性看到自己的妻子有性喚起，那麼他也會極度地性亢奮；當他和妻子肉體接觸並感覺到她的反應時，他也就非常容易地產生性喚起。性交合是兩個個體投身於其中的最完美的雙方共同經歷的活動，兩個人生理上和心理上及情緒反應上的相互調節，能創造出一種理想的境界。

　　男女雙方性交合中達到性高潮的重大意義，主要是因為一方在達到性高潮的那一瞬間所產生的亢奮反應，都可以刺激另一方達到同樣的亢奮狀態。這一點對很多人來說，在性生活中可能達到的最高成就，就是相互刺激，進而共同達到性高潮。

　　另一方面，假如一個無反應的性夥伴沒辦法提供這樣的生理刺激和激情刺激，就會對雙方性關係產生很嚴重的危害效果。一個性反應良好的男性，尤其是以前有過經驗並且知道性交合好處的男性，會感覺到對方缺乏合作，結果就會阻礙或中止他的反應。這樣的失敗不僅會導致失望、煩惱，產生挫折感，而且有時候還會使激情反應顛倒過來，甚至變成氣憤和狂怒。

　　非常多的女性，尤其是老一代的女性，當男性在性交合之前進行一些

親暱愛撫時，她們很少做什麼，甚至什麼都不做。女性的這種禁慾表現，可能是由於她長期受端莊訓練的影響；也可能是因為這樣一種理論——男性在正常狀態下就已經非常亢奮了，他不需要再進一步的肉體刺激；也可能是因為另外一種理論——有一種文化認為，性生活永遠應該和浪漫與溫柔伴隨，這種文化認為，為女性提供快樂是男性的本職工作。當然，女性的這種禁慾行為和雙方合作共同創造一種互相負責的性關係，這兩者之間幾乎沒有任何關係。

同樣，也有很多女性在性交合過程中仍然是特別「穩重」。這樣的女性，像老一代的女性一樣，不是激情地配合，反而是無動於衷，只是一味地接受。然而，在年輕一代女性中，越來越多的人開始意識到，性交合中自己的積極配合，不僅有利於丈夫得到滿足，而且也會使自己從中得到滿足。我們需要詳細分析關於女性性高潮的狀況。

發生率

大約有36％的已婚女性，結婚之前從來沒有透過任何途徑達到過性高潮。在青春期開始之後，經歷過性高潮的男孩有95％，頻率是平均每週2.3次；但是女孩中，不管是透過獨自性行為、異性性行為還是同性性行為，達到過性高潮的只有22％。在15～20歲之間，達到過性高潮的單身男性有99％以上，頻率是平均每週2.2次，已婚男性則是每週3.2次，這段時期正是一般男性性能力和性活動最強的時期。但是在這個期間內，還沒有達到過性高潮的女性仍然有47％。正是因為如此缺乏經歷，對性高潮的實質、意義和必要又瞭解得如此之少，所以也就不奇怪很多的女性在婚後性交合中，極少達到性高潮，或者從來也達不到一點性高潮。

如果一個女性沒辦法出現性喚起，或者在性交合中沒辦法達到性高潮，那麼公眾和專業人員一般稱之為「性冷淡」。但是我們不喜歡這個詞，因為它是指不願意發揮或沒有能力發揮性功能，但是對大部分女性來說，並不是上述兩種狀況，用「冷淡」來闡釋是不正確的。雖然人和人的性反應水準相差很多，但是恐怕根本就不存在完全沒有性反應能力的狀況，一般來說，對於那些能夠引發性反應的各種生理刺激，男女的反應顯然應該是一樣的。我們的專門調查顯示，如果女性接受足夠的刺激，並且她在自身的動作中又放得開，那麼她的平均反應速度並不慢於男性的平均速度。然而，女性經常是靠充分的肉體刺激而不是靠心理刺激才會引發性喚起。這可能說明，在性喚起和達到性高潮方面，所有女性的生理反應能力更強一些。

　　雖然文學作品中描寫了許多完全沒有性反應的女性，我們在調查中也確實發現了這樣的女性，但是我們沒有證據證明，如果其中有一個人充分自信並且解除束縛，她會不會仍然是沒有性反應能力的人。我們發現，一些只有過一個丈夫並且結婚多年的女性，她們有一些甚至長達28年之久才達到第一次性高潮。我們還發現，一些結婚又離婚兩次、三次或四次的女性，她們只到最後一次結婚之後，才在性交合中達到性高潮。如果對這樣的女性，在她們最終達到性高潮之前去檢查，任何一個人都會得出「性冷淡」或「性反應無能」的結論，但是她們之後的情況顯示，她們並不是無能。其實，這些之前沒有性反應的女性中，有一些人不管什麼時候投入性交合，總是可以達到高潮，甚至可以連續達到多次高潮。當然，我們這裡必須多說一句話，很多沒有性反應的女性需要在臨床醫生的幫助下，克服那些導致她性困難的心理負擔，以及可怕的束縛。

人們一直興致勃勃地討論，究竟有多大比例的女性達不到性高潮，到底是什麼因素引起性交合中這樣的失敗或成功。然而，這不是簡單統計一下百分比就可以解決的。無論我們按照什麼分類法把女性資料加在一起，我們都必須事先考慮每個女性的年齡、結婚時的年齡、已結婚幾年、性交合的頻率、運用什麼樣的技巧、不同歲月中高潮發生率有什麼變化。如果不考慮所有這些角度，資料的簡單相加就證明不了任何相互關係，所以也就沒有任何意義。

把上述所有因素都考慮進去之後，我們發現，在女性婚內性交合總次數中，達到性高潮的次數大約有70％～77％。這個比例隨結婚時間的長短而變化。新婚之初的時候比較低，婚齡越長比例越高，具體情況如下所示：

婚後第一年，63％的性交合可以達到高潮；到婚後第5年，是71％；到婚後第10年，是77％；到婚後第15年，是81％；到婚後第20年，是85％。

這些資料顯示，在女性婚內性交合總次數中，並不是每次都能達到性高潮的女性有36％～44％。在這些不能全部達到高潮的女性中，只在少於一半的次數中達到的人約有三分之一；另外有三分之一的人在大約一半的次數中達到性高潮；還有三分之一的人在一半以上的次數中達到性高潮，但從來沒有100％的人達到過性高潮。

多次性高潮

規則性地出現多次性高潮的女性有大約14％。這個比例不僅適合於在每一次性交合中都達到高潮的人，也適合於只是部分地達到高潮的人，出現多次高潮的比例都是這樣。無論哪種情況，女性都可以在同一次性交合

中達到2次、3次，甚至12次以上的高潮，但是丈夫卻只能射精一次。

　　在年輕男性中，有能力達到多次性高潮的人大約有8%～15%，但是這個能力隨年齡增長而逐漸下降。人類的婚姻制度，使得結成夫妻的兩個個體，很難正好是具有一樣多次性高潮能力的男女。無論男性的能力更強，還是女性的能力更強，假如只有一方經常在每一次性交合中都達到幾次性高潮，另一方卻不能，這對夫妻就很難創造出讓兩個人都滿意的性交合技巧。很多男性在自己達到性高潮之後，就沒有能力再繼續保持勃起狀態，也無法繼續進行性交合。很多男性如果非要這麼做，會引起過敏式疼痛，有時甚至是難以忍受的疼痛，如果這個時候妻子還沒有達到高潮，或者她有多次高潮能力但還沒有獲得完全滿足，不能繼續性交合的丈夫就會讓妻子感到苦惱。所以很多男性總是用手或用口來刺激妻子的生殖器，進而使她達到高潮。當然，也有極少數的男性，可以在自己射精之前，就設法讓妻子達到多次高潮。

14種影響性高潮的因素

我們已經指出，並且還應再次重申，一個人的性反應如何，主要是由他或她受到了什麼樣的刺激、刺激發生在什麼樣的生存狀況之中、這個人之前的性經歷是什麼樣的，以及有過多少性經歷來決定的。

目前的婚姻指導小冊子和其他醫學文章，都充分注意到，在很大程度上，女性的性反應源於性交合中所使用的技巧的效果。因為一般是男性支配親暱愛撫和性交合的方式，所以人們很容易得出結論，女性能否達到性高潮，肯定主要由男性知道多少性交合技巧，以及使用這些技巧的效果來決定。但是，這樣的解釋太強調刺激的狀況，反而忽視了女性的反應能力處於一種什麼樣的狀態。

心理學家和臨床心理醫生，都已經把注意力集中到女性方面，研究女性反應的基礎，研究她們的無意識動機和她們束縛的來源。他們有時甚至認為，只要早年的經歷合適，任何一個人都會有一樣的性反應能力。他們之中很多人都認為，對於同一種性刺激，不同個體之間不存在反應方面的內在能力的差異。但是我們認為，女性在性高潮反應方面有很大的差異，若要分析形成這種差異的原因，那就必須考慮這三大類因素：外來刺激、主體的反應能力、主體之前經歷的內容和性質。

女性的內在能力

我們研究過一切動植物物種在構造和生理上的個體差異，所以我們認為，人類性行為中的某些個體差異，可能也同樣是由那些和性反應有關的生物構造所產生的生理能力所引起的，在個體和個體之間存在很大的差異。這和中樞神經系統，以及其他有關系統究竟處於什麼樣的狀態，有一定關聯。這些系統的不同狀態，直接導致了不同個體的不同性反應，有時差異還會非常大。

例如，有些女性在開始接受刺激之後的幾秒鐘之內，就可以迅速地達到性高潮。有些女性則能在短時間內重複到達性高潮。然而其他大多數女性，即使透過訓練，經過分析幼年的經歷，或者透過其他任何一種心理治療，也不會擁有這樣的能力。同樣，我們也有理由認為，至少一部分性反應較慢的女性，即使用盡各種方法，也沒辦法在生理上擁有像某些女性那樣的快速反應能力。比較遺憾的是，我們對性反應的解剖學基礎和生理學基礎瞭解得比較少，不能確切地解釋上述個體差異的來源。

性高潮和女性年齡的關係

雖然婚內性交合和女性從中獲得性高潮的兩種發生率和頻率，達到最大狀態都是在婚後初期，並且隨著結婚時間的增長而持續下降；但是在最年輕的時候，女性在性交合總次數中達到高潮的次數所佔的百分比，卻是最低的。然而，隨著年齡的增長，這個百分比卻持續上升。當然，我們的研究範圍只是60歲以下，所以沒有足夠的證據來分析年齡更大的女性。

性高潮和受教育程度的關係

如果女性受教育程度不同，那麼其婚內性交合的累計發生率及頻率就基本上是相同的。但是我們也發現，如果以5年為期來考察這段時間內達到過高潮的女性的人數，在任何一個5年內，女性受教育程度越高，其達到性高潮的人數也明顯地更多。拿性交合總次數中達到高潮的次數所佔的百分比來說，不同受教育程度的女性之間的差異就更大了。從婚後第一年直到第15年之間的任何一年中，很多受教育少的女性在婚內性交合中，根本無法達到高潮；但是在受教育多的女性中，這樣的人就很少了。例如，對於在婚後第一年裡根本達不到高潮的女性來說，國中程度者中佔34%，高中佔28%，但是在大學只佔24%，研究生中也只有22%。這種差距直到婚後第15年才縮小，但是依然存在。這種差異產生的可能原因是，女性受教育程度不同，其結婚時的平均年齡也不一樣，受教育程度低的女性結婚比較早，所以達到高潮的比例也就較小。

如果考察近乎100%地達到高潮的女性的人數，那麼差距就更大了。受教育程度低的人中，這樣的人就少；受教育程度高的人中，這樣的人也越多。例如，在婚後第一年中，在國中教育程度者中只有31%的人在90%～100%的性交合中都能達到高潮，高中有35%；大學有39%；但是在研究生卻達到43%。即使到婚後第15年，這種差距依然存在，高中是43%，研究生卻是53%。我們過去在較小規模的抽樣調查中，運用較籠統的分類統計法時，曾發現受教育少的女性在婚內性交合中達到高潮的比例，高於上述的結果。但是，現在我們有了更全面的調查資料和更科學的分析方法，所以修正了以前的資料和據此得出的結論。

父母的職業等級對性高潮的作用

在婚後第一年中，考察90％～100％次性交合都達到高潮的人，出身在低階層家庭的女性中較少，出身在白領上層家庭的女性中較多。但是這個差距並不大，出身在體力勞動者家庭的人中有34％，出身在白領上層的人中有40％，但是直到婚後第15年，這種差距仍然存在，正和我們考察受教育程度不同的女性的情況時所發現的差異一樣。

性高潮的世代差異

如果以5年為期來考察這個期間內達到高潮的人數的比例，在過去40年中，比例是不斷上升的。這40年中，可能具有更大社會意義的是，性交合總次數中達到高潮的次數的百分比也同樣在一直上升。對於出生在1900年之前的女性來說，婚後第一年中從沒有達到高潮的人是33％，但是對於出生在1909年之後的女性，這樣的人只有22％或23％。直到婚後至少第15年，這樣的差距依然存在。

婚後第一年裡，在90％～100％的性交合總次數中達到高潮的人，對於老一代女性來說，只有37％；而新一代女性，則上升到43％。這種世代差異在婚後至少10年以內依然存在。這種現象說明，女性所處的社會群體持有的性態度，普遍接受的性道德，都直接影響著她的性態度和性過程。一個人在他（她）協調方面遇到的難題，經常源於他（她）總是想融入到自己成長的那個文化環境和那一代人的環境之中，如果那個人真想解決自己的難題，他（她）就應該接受一些和自己所屬社會群體所不同的態度和行為模式。當然，這可能會帶來新的難題，但是顯然數以百萬計的女性已經

這樣調整了自己，並且沒有帶來嚴重的煩惱。這是因為，正像我們的資料證明的那樣，在過去的40年中，很大一部分美國人民都已經實質地改變了自己的性態度。結果是，很多女性在其婚內性交合中，都已經更有效地發揮了自己的功能。

性高潮和青春期開始早晚的關係

青春期開始的早晚，對女性婚內性交合的發生率和頻率基本上沒有什麼影響，甚至和性交合總次數中達到高潮的比例也沒有必然的關聯。唯一可能的例外是，與其他女性相比，那些15歲之後才開始青春期的女性，她們之中從沒有達到高潮的人稍微多一點，90％～100％次性交合都達到高潮的人稍微少一些。

宗教信仰程度對性高潮的影響

這個方面的影響也不大。不管性高潮的發生率及頻率，還是性交合總次數中達到高潮的比例，最虔誠的女教徒，一般女教徒和最消極的女教徒之間，都沒有太大的區別，只有最虔誠的女天主教徒，在婚後第一年中受到的束縛較多，完全不能達到性高潮的人明顯地多得多，但是90％～100％次性交合中達到高潮的人則明顯地少很多。

結婚時的年齡對性高潮的影響

這個方面有一些關聯。性高潮頻率最低的是20歲之前結婚的女性。這樣的人中，在婚後第一年中從沒有達到高潮的人有34％；在21～30歲結婚的女性中，這樣的人只有22％；在30歲以後才結婚的女性中只有17％。到

婚後10年和15年，這種差異依然存在。

在婚後第一年中，90％～100％次性交合都達到高潮的女性，在20歲之前結婚者中只有35％；在21～25歲結婚者中是41％。但是這個比例沒有再增加；相反，在25歲以後才結婚的女性中，這個比例卻下降了。

20歲以下結婚的女性，其性高潮能力低一些，一部分是因為其中許多人即使到20歲以後，也從來沒有出現過性喚起，或者沒有達到過性高潮。她們獲得這種性反應能力很遲，可能是因為生物因素，但是也可能是該女性早年沒辦法協調自己的人際性關係所引起的。那些一結婚就立刻具有達到性高潮能力的、20歲或年齡再大一些的女性，一般來說，可能是因為她們在結婚之前就具有很多的婚前性高潮經歷——源於婚前的自我刺激、親暱愛撫或實際性交合。

結婚時間長短對性高潮的影響

在結婚後的第一個月中，在性交合中達到性高潮的妻子會有49％。這個比例會繼續增長，到婚後6個月的時候至少有67％；婚後第一年結束時，會高達75％。女性如果想要提高她們達到性高潮的能力，就必須透過經驗來學習，必須把自己從某些一直禁錮著自己性活動和性反應的束縛中徹底解脫出來。僅僅在婚後第一年中，做到這一點的女性就有75％。但是第一年過後，這種增長速度就減慢了，然而在婚後15年內甚至更久的時間內，這個比例仍然會持續上升。到婚後第15年，在性交合中從沒有達到性高潮的女性仍然有約10％，不過有些女性是直到婚後第28年，才第一次達到性高潮。

對於所有的妻子，有25％的人在婚後第一年中仍然沒有達到高潮；到

第5年末，這個比例下降為17％；第20年末，再降為11％。

另一方面，婚後第一年中，有39％的女性在90％～100％次性交合中都達到高潮，以後的時間中這個比例逐漸增長。到第20年末，這個比例已高達47％，也就是將近一半。這些資料充分證明，婚後歲月中性經驗的累積和心理素質的提高，完全能夠加強女性在性交合中達到性高潮的能力。

性交合技巧對性高潮的影響

從最古老的愛情文藝作品，到今天的婚姻指導小冊子，一直都用極大的興趣描述著性刺激和性反應的解剖學基礎和各種技巧。幾千年來，人們已經普遍接受一種觀念：性關係的美滿，主要取決於男性在肉體刺激女性時，使用什麼樣的技巧和藝術。

但是，現在我們已經發現，人們誤解了性技巧發揮作用的途徑。人們一直把注意力集中在性技巧所針對的終端器官（感受器官）上，集中在性感受器官的那些身體部位上。我們現在的調查研究發現，性反應總是關係到很多的生理反應，其中最重要的一種反應，可能是主體的全身肌肉的緊張度不斷增強。女性的性反應可以不依賴有意的、變化的和持久的愛撫技巧，而是更經常地依賴短促地不間斷地按壓，以及連續的和有節奏的刺激。很多男性也是如此。這樣可以直接導致他們達到性高潮。

透過我們的資料，甚至可以進一步得出結論，在不少例子中，使用多種多樣和變化多端的性技巧，反而會干擾女性，讓她們達不到高潮。那些透過自我刺激達到高潮的女性，比在事前百般愛撫的性交合中達到的還要快很多。這就是因為在實現性高潮的過程中，自我刺激通常是持續的和不間斷的。

婚後性高潮和婚前性高潮經歷的關係

對婚後性高潮頻率作用最重大的，是婚前性活動中達到高潮的次數的多少。我們調查的女性中，婚前從來沒有達到過高潮的人約有36％。無論在自我刺激、性夢、親暱愛撫、婚前性交合中，還是在婚前同性性行為中，她們都從來沒有過這樣的經歷。在這樣的女性中，44％的人在婚後第一年中沒辦法達到性高潮。那些即使婚前只有少次的性高潮的女性中，這個比例卻只有19％。在那些婚前至少經歷過25次性高潮的女性中，這個比例則只有13％。

婚後第一年中，90％～100％的性交合都達到高潮者，在從來沒有婚前性高潮的女性中只有25％，但是在有過婚前性高潮的女性中卻達到45％～47％。在婚後更長的歲月中，甚至到第15年末，這種差距依然是這樣。任何一種治療法，恐怕都無法像早年的性高潮經歷那樣，減少婚後性交合中沒有任何反應的女性的人數，恐怕也無法增加婚後性交合中達到性高潮的頻率。

這種相關現象，可能是自然選擇作用的結果，但是也可能因為一種因果關係，即婚前性經歷對婚後性生活有一定的幫助，也可能兩種因素都存在。可以在婚前發現自己性高潮的，不管是透過獨自的還是人際的性活動，可能就是那些性反應能力較強的女性，所以她們也就是婚後最常達到高潮的那些妻子們。但是另一方面，我們的資料也顯示，女性可以透過經驗學會如何達到性高潮。我們也已經強調指出，這樣的學習在女性早年的時候效果將會更加明顯。那個時候，她所受的束縛尚未充分發展，或者還沒有變得像日後那樣難以撼動。所以，早年的性高潮經歷，對婚後性生活

有著良好的效果。

婚後性高潮和婚前性交合的關係

在婚前的各種性經歷中，婚前性交合和婚後性高潮的關聯最為緊密，尤其是達到高潮的那種婚前性交合。例如，有過婚前性交合但沒有達到過高潮的女性中，在婚後第一年裡也無法達到高潮的人有38％～56％。雖然這個比例在結婚之後逐漸減少，但是直到婚後第10年末，她們當中還是達不到高潮的人仍然有11％～30％。相反，有過婚前性交合並且至少達到過25次高潮的女性中，只有3％的人在婚後第一年裡達不到高潮，以後的時間中更是降低為僅有的1％。也就是說，婚前有性交合而無高潮的女性，在婚後也無法達到高潮的人有一半以上。這比那些婚前既有性交合又有性高潮的女性中婚後反而達不到高潮的比例，要高出10～20倍。

我們的資料進一步顯示，如果考察90％～100％的性交合都達到高潮者在總人數中的比例，那麼婚前性交合中達到過高潮的女性中的比例，是那些婚前未達到高潮者的2～3倍。在婚後第一年中，婚前還沒達到高潮者中，上述情況是17％～29％；但是在婚前達到過者中，這個比例卻高達50％～57％，在婚後前5年裡，雙方的差異一直這樣。再往後，差距雖然縮小，但是直到婚後第10年末，婚前有性高潮者中的這個比例仍然高於婚前沒有性高潮的女性。

我們必須指出，婚前有性交合和性高潮，對婚後性生活的成功美滿並沒有直接影響，它只是和婚後性生活的失敗有很大關聯。以前的各種研究都失敗了，就是因為它們企圖在婚前性交合和婚後性美滿之間，尋找出一種必然關聯，更是因為它們沒有把婚前性交合的兩種情況，達到高潮的和

沒有達到高潮的，嚴格區分開來。

我們目前尚無法斷定，婚前性交合和婚後性高潮之間存在的關係，究竟是自然選擇的還是必然的因果關係。一般來說，自然選擇的可能性更為合理。但是另一方面，如果一個女性投入了婚前性交合，卻沒有從中獲得性高潮，可能會從中受到極大的心靈創傷，這會嚴重削弱她在婚後進行性協調的能力。

當然，無論是選擇關係還是因果關係，我們顯然可以根據一個女性在婚前性交合中是否達到性高潮，來預測她在婚後性交合中可能出現的反應。在這樣的預測中，任何其他的單一性因素，或者女性本人的任何社會因素和背景，都沒有婚前性交合發揮的作用大。

婚後性高潮和婚前親暱所達到高潮之間的關聯

這個方面，兩者也有很大的關聯。婚前從來沒有透過親暱達到高潮的女性，在婚後第一年裡沒有達到過高潮的人有35％，但是婚前透過親暱達到過高潮的女性中，這個比例只有10％。婚後至少15年內保持這種差異。

婚前沒有透過親暱達到高潮的女性，在婚後第一年裡只有32％的人在90％～100％的性交合中都達到高潮；但是在婚前有過透過親暱達到高潮的女性中，這個比例卻有46％～52％，婚後至少15年裡，這種差距雖然縮小了，但是仍然存在。

這裡也同樣可能是因為自然選擇或必然因果在發揮作用。但不管是什麼原因，如果一個女性在婚前親暱中達到性高潮，她在婚後的近乎每一次性交合中都達到高潮的機會就會多很多；哪怕到婚後很長一段時間內，她也仍然會如此。

婚前親暱之所以重要，是因為它給大約18％～24％的女性提供了首次性高潮，特別是在年輕一代中。婚前親暱的更重要作用，是因為它引導女性去理解和一個異性發生肉體接觸對她自己的意義。很多婚後沒有反應的女性，很少或根本不投入婚前親暱，有時僅僅是因為她們拒絕接受任何可以引發性喚起的身體接觸。婚前親暱的經歷，有利於教育這樣的女性，去理解這種接觸的重要意義。

婚內性高潮和婚前自我刺激的關係

　　這個方面兩者的相關關係，不像前面所說的婚前性交合和親暱那麼明顯，但是也確實存在關聯。婚前從未自我刺激過，或者從未因此獲得性高潮的女性中，大約有31％～37％的人在婚後第一年裡無法達到性高潮；在以後的5年中，這個比例只下降了一點點；但是婚前透過自我刺激達到過高潮的女性中，這個比例只是13％～16％。婚前沒有自我刺激或雖然有卻無高潮的女性，只有35％的人在婚後第一年裡90％～100％的性交合都達到高潮；但是婚前有過自我刺激並達到過高潮的女性中，這個比例卻有42％～49％。婚後15年或20年之後，差異依然存在，只是變小了。

　　這個方面也有兩種可能的原因——自然選擇或必然因果，但是因為女性自我刺激的技巧和她性交合的技巧不太一樣，所以婚前自我刺激經歷的重要意義可能在於，它使一個女性明白了到底什麼是性高潮。即使在婚後，或者到了三四十歲，如果女性可以學會透過自我刺激達到性高潮，她們的性交合往往就不會遇到很多困難。自我刺激和親暱愛撫的技巧引發性高潮的作用要大於性交合技巧的作用。所以，即使一個女性在性交合中達不到性高潮，她也經常可以學會透過自我刺激來達到高潮。在自我刺激並

達到性高潮的過程中，她會明白這就意味著超越束縛和禁錮，意識到自己應該無拘無束地投入性活動之中，使機體反應自由自主地出現。這樣，她在性交合中就可以透過同樣的方式來增強自己的性反應能力。在我們調查過的數千名女性中，只有極少數幾位可以透過自我刺激達到高潮，但無法在性交合中獲得同樣的能力。

　　經濟難題存在於任何婚姻中，但是在這一切之上，夫妻之間還有很多需要完成的心理協調任務。性協調只是婚姻的一個方面，並且也不是最重要的方面。對美國青年來說，不存在一個普遍適用的方法，讓他們為婚後性關係的協調做好準備。但是，任何一個客觀地和科學地研究美滿婚姻的人，都會讚揚婚內性交合的重大作用，也不會否認婚前性活動和婚後性協調之間存在一些關聯。

第八章

婚外性交合

　　世界各地的大多數人類集團一直都認為，社會組織的基本單位是家庭。只有在少數的情況下，才會有人想消滅家庭組織，而建立一種以國家政權為中心的廢除成年人和其子女長久關係的制度。古斯巴達和一些共產主義實驗公社都曾經這樣做過。

　　美國在一個世紀或更早之前的時候，也有一些社會組織曾經這樣做過。然而，它們都沒有提供令人滿意的其他形式來代替家庭，並且它們之中的一些政權都沒有存在很久。儘管家庭不適合作為我們文化一部分的某些習俗，但是歷史證明它是很重要的。

生物基礎和歷史背景

我們都明白，如果一些男性不能與自己的妻子有著美滿的性生活，就至少偶然地會與非配偶的女性發生性關係。一般來說，雖然人們也承認某些女性也希望或實際進行婚外性交合，但公眾輿論仍然更多地關注男性在這個方面的一般行為與傾向，而往往忽視了女性。

大多數男性很快就能理解，為什麼大多數男性都希望有婚外性交合。雖然有些男性出於道德的或社會的顧慮，自己不接受婚外性交合，但即使這樣的人一般也能理解，性的變換、新的情景和新的性夥伴，可以提供更多的滿足，這些滿足是與單一的性夥伴性交合幾年之後而無法獲得的。對大多數男性來說，渴望在性活動中更換對象似乎是一件習以為常的事，正如他們總是希望看新書、聽新音樂、投入另一種職業，或者結交新的社交朋友一樣。但是很多女性卻無法理解，為什麼每個男性都是高高興興地結了婚，然後卻又都想和除了自己的妻子之外的任何女性性交。在大多數男性看來，女性之所以提這樣的怪問題，就是因為男女兩性之間存在根本的差別。

在《男性性行為》一書中，我們已經指出，在全世界任何時代的任何民族中，在婚的男女都有非婚性活動。這說明，人類渴望這類活動是一個普遍的現象，所以現存社會組織試圖根除其來源的一切努力都將是徒勞無功的。下面我們所記錄的關於美國女性婚外性交合的情況，以及我們對

其原因的推究，或許有助於人們理解這個問題的實質及其重要意義。我們對人類的這種行為進行生物學追溯，並且研究了其他哺乳動物的情況，這也許能夠說明個人願望和社會對個人行為的控制之所以總是相互衝突的原因。

只有在婚姻制度下，才會出現婚外性交合現象。人類的動物祖先並不是這樣的。在哺乳動物的性關係中，雄性和雌性都準備著與既存性關係之外的個體進行性交合。但是，雌性被壟斷著自己的雄性所限制，而雄性又被其他雄性的性壟斷範圍所局限；有時，雄性也被自己的性能力衰退所局限，僅既有性夥伴就已經心有餘而力不足了。

有時，哺乳動物中的雌性也反對其他雌性與自己的雄性夥伴性交合，但這不是普遍規律，這樣做的是雄性。儘管文化傳統可以形成人類男性的某些行為，但人們可能不得不承認，他的態度至少部分地來自於動物的遺傳，因為他的性嫉妒與哺乳動物雄性真的十分相似。

在大多數哺乳動物中，當個體進入一種新的情景或遇到一個新的性夥伴時，就會變得更加富有生機。例如，猴子如果長期在一起，就會變得很少相互引發性喚起；它們性交合前的愛撫要很長時間才能累積足夠的刺激以進入性交合，而且日後的性交合也變得更加沒有生氣。但是，一旦來了一個新對象，雄性和雌性一樣，都會變得更容易引發性喚起，更富有生機地與新對象性交合，性交合前的愛撫時間也縮短到最低限度。人類無法保持單一性關係的主要原因，肯定是夫妻之間的心理疲勞。

但是，哺乳動物中的非同伴性交合，在其整個性生活中只有有限的比例。它們的性經歷大體上有三個階段：第一階段中，年輕的雄性極力為自己爭得一個雌性夥伴，並且拼命地保衛自己的既得利益；第二階段中，更

成熟的雄性在身心兩方面更有控制欲，它可能奪取並且統治幾個其他雄性的雌同伴，並捍衛自己的統治；第三階段中，年老體衰的雄性喪失了自己的雌同伴，在只能眼睜睜看著其他雄性的家庭，或者孤獨地終此一生。

這種情況與人類非常相像。人類面臨的難題，並不全是文化發展或特殊社會哲學的產物。更換性夥伴的意圖，從古老的哺乳動物開始就有，而且在男性和女性中都同樣普遍存在。人類男性對他的女性同伴總是像財產一樣控制著佔有權，總是對他的妻子發生婚外性交合持敵對態度，但是妻子卻較少反對丈夫的這種行為，這些都是哺乳動物的遺傳。人類男女必須接受這種遺傳，如果他們想控制自己的性行為模式，他們就必須超越它。

在人類歷史上的各種文化中，一直都存在對人的這種動物渴望的某種認可，一直存在順應這種需求的各種辦法。一切文化當然都認為必須維護家庭的牢固地位，以使它成為社會組織堅實的基本單位。但任何文化都不得不面對這樣一個難題，是乾脆徹底禁絕一切非婚性活動，還是接受並調節這種活動，並把它對家庭制度的危害降至最低限度？

世界上還沒有這樣一個社會，用完全的性自由來取代正式的婚姻。特別是，在那些並不把性活動與社會目標、愛情，或是其他什麼主觀價值聯繫在一起的社會裡，卻允許男女兩大性別具有相當大的非婚性活動自由。

大多數社會都承認，有必要至少把某些婚外性交合當作男性的一個發洩通道，他可以由此釋放一些因為社會為鞏固婚姻而承受的壓力。大多數社會也承認，如果要維持婚姻和家庭，讓社會組織有效地運行，也必須對婚外性活動加以一定的限制。

結果，大多數社會都允許或默認男性的婚外性交合，但是他必須遵守一定的原則，必須不走極端，不破壞他的家庭，不許六親不認，不鬧成醜

聞，不和非婚女伴的丈夫或其他親屬發生衝突。即使那些嚴禁一切非婚性活動的社會，對偶然的失足也是持明顯的寬容態度。沒有幾個人類社會會認真地鎮壓或嚴厲地懲罰男性的婚外性交合。

然而，極少有社會允許或默認女性同樣的活動。世界的各種文化中，只有10％允許這樣做，還有40％只允許女性偶然為之或與特殊對象為之。例如，某些儀式或典禮上是允許的，甚至婚禮儀式中也允許，但這意味著丈夫把妻子作為禮物獻給客人，而並不是妻子自己想要進行婚外性活動。

有一半的人類社會嚴禁女性的婚外性交合。在很多社會中，殺死與別人通姦的妻子，不僅是丈夫的特權，並且是他必盡的義務。如果他無法這樣做，就會被認為喪失了男性氣概，會被人們所恥笑。如果他殺死了妻子，他不會受到任何譴責與懲罰。在歐美歷史上，這種態度一直佔主導地位，只是丈夫懲罰妻子或姦夫的特權，在美國絕大多數地區已經被廢除。

然而，即使是這些最嚴酷地懲罰女性婚外性交合的文化，實際上也完全理解，這樣的事情仍然在發生，並且在許多情況下還相當普遍。反對自己妻子有婚外性活動的男性，卻尋求著與別的男性的妻子性交合。如果不知道其動物基礎，我們可能真的無法理解這種怪異的行為。

我們可以在法律條文中找到禁止女性婚外性交合的理由，例如：說它破壞社會常規，損害丈夫充分地和妻子性交合的權利，掠奪丈夫及其家庭的財物，會促使妻子否認自己在家庭裡的責任和義務，會造成婚外懷孕等等。人們持有這種觀念，即婚外性交合不可避免地會導致夫妻關係不和或離婚，會帶來嚴重的社會後果。很多文化都認為，任何發生在非夫妻之間的性交合，本身就在違背倫理道德，就是在破壞社會秩序，就是一種反上帝和反社會的罪惡行為。

分層考察普通情況

瞭解婚外性交合這個行為的哺乳動物來源和歷史文化背景之後，我們來看看它在美國女性中的實際情況。

在我們調查過的目前在婚的女性中，在25歲到50歲之間，有過婚外性交合的女性在六分之一到十分之一之間；到40歲時，有26％的人有過這種行為。

在實際生活中，婚外性交合的真實比例肯定比我們調查出來的更高一些，畢竟人們很少能發現任何一種被社會否定的性活動。

累計發生率

在15～20歲之間，已婚女性中有過婚外性交合的人只有7％；到25歲時也只有9％；但是到30歲時就上升為16％；35歲時增為23％，到40歲時達到頂峰，為26％；再往後，比例便不再上升，因為很少有女性到達這個年齡才開始自己的首次婚外性交合。

每5歲中的發生率

這個方面，最年輕和最老的女性是最少的。16～20歲之間只有6％，21～25歲只有9％，26～30歲之間是14％，31～35歲及36～40歲之間是頂峰期，達17％，41～45歲之間又下降為16％，46～50歲降為11％，51～55歲是6％，56～60歲是4％。

年輕的妻子比較少投入婚外性交合，一方面是因為她們仍對丈夫非常感興趣；另一方面是因為年輕的丈夫特別嫉妒。在那個年齡上，男性和女性都一樣非常顧慮非婚性關係的道德問題。隨著年齡的增長，這些因素顯得越來越不重要，中年或更老的女性開始更樂於接受婚外性交合，並且至少一部分丈夫也不再反對自己的妻子投身婚外性交合。

　　或許女性普遍認為，大多數男性都喜歡與那些比自己年輕得多的女性發生婚外性關係，雖然大多數男性也確實迷戀年輕女性的肉體魅力，但是我們的資料顯示，實際上他們之中的許多人是與中年或更老的女性發生婚外性關係的。這是因為，許多年輕女孩面臨婚外性關係的情況時，會有很多顧慮，而許多男性又害怕她們的這種顧慮會使雙方的關係給社會方面帶來麻煩。年齡較大的女性則較少有顧慮，也較多地懂得性技巧。因此許多男性發現，作為婚外性夥伴，還是年齡較大的女性更為合適。所有的這些因素，也正好論證我們調查所得資料顯示的情況，30歲以後到45歲以前這段時間，是女性婚外性交合的頂峰期。

性高潮的發生率

　　所有發生過婚外性交合的女性中，平均大約有85％的人至少偶然地達到過性高潮。各種分類組中，最低的也有78％，最高的是100％。從整體上看，這和女性在婚內性交合的情況基本相同。

　　但是，從性交合總次數在達到性高潮的次數中所佔的比例來看，婚外性交合中的這個比例卻高於婚內性交合中的，在有些情況下甚至高出很多。有些女性和自己的丈夫性交合達不到高潮，和婚外性夥伴卻能達到。有些女性只有在婚外性交合中才能達到多次高潮。其中，可能有自然選擇

的因素，即最常接受婚外性交合的，正是那些性反應能力較強的女性。但是，其中也肯定有這樣的因素，婚外性交合提供了新的場合和情景、新的性夥伴、不同形式的性關係，有時還有新的性技巧，這一切都更強烈地刺激並滿足了一些女性，正如它們刺激了大多數男性那樣。

頻率

在30歲之前，頻率為每10週有一次，即每週0.1次，但到41～45歲時，增加為每3週不到就有一次，即每週0.4次。這意味著，對中年女性來說，除了婚內性交合之外，婚外性交合是頻率第二高的性活動，比其他性活動發生性高潮的頻率都要高。

如果單獨統計頻率高於所有女性的平均值的人，那麼這些積極投入者的平均頻率，在20歲之前為每週0.5次，即兩週一次；到40歲以後為每週0.8次，即每8～9天一次。

頻率的偶發性

婚外性交合頻率很低，因為機會一般都很少，非常偶然。雙方很難尋找合適的時機和場合，進而不被配偶或別人發現。這個方面，已婚者也比單身者更為困難。此外，許多已婚者也故意限制婚外性交合的次數，進而避免雙方發生感情糾葛，要知道這很可能會破壞雙方原有的婚姻。

因此，我們所說的頻率，並不是指當事人平均地、持續地每週或每月發生婚外性交合的頻率。有些人在兩週的假期中就有過十幾次，但是一般來說，都發生在幾天或僅僅一週之內。這段時間裡，丈夫或者妻子外出了，可能暫住在旅館內，或者正在旅行、拜訪朋友。這段時間過去之後，他們可能數月甚至數年不再有這種婚外性生活。只有很小比例的女性和非

婚男友形成長期、規律的婚外性關係。

在20多歲的時候出現最高的頻率。有5位20多歲的妻子，在連續5年之內一直保持極高的頻率。其中3位每週7次，1位每週12次，還有一位甚至每週高達近30次。年齡越大，最高頻率也越低。在261位50歲以上女性中，只有1個人是每週3次以上。和婚前性交合中的情況一樣，頻率最高的，正是那些沒有把自己捆綁在社會輿論或社會法則上的，沒有由此引起內心顧慮的，不怕觸犯社會道德戒律的女性，正因為如此，她們在婚外性活動中也就沒有遇到這樣或那樣的困難。

在性釋放中所佔的比重

由於婚外性交合的發生率和頻率都非常低，這個比重當然也不會高。21～25歲的女性只佔3％。此後逐增，到45歲以後的女性就達到13％。在這個年齡中，許多夫妻的婚內性交合已經減少一些，但是有些妻子仍然有以前那樣強的性反應能力，甚至比那時更強。這些妻子也就更喜歡接受婚外性交合，進而彌補她們日益減少的婚內性釋放。

和受教育程度的關係

這個方面有差異，但是不大。根據我們的調查結果，到40歲時，大學教育程度的妻子中，有約31％的人有過婚外性交合，研究生大約為27％，高中大約為24％。

按年齡段考察，對於不同受教育程度的妻子，在20歲之前幾乎毫無差異；25歲以後，國中的發生率明顯地比其他人低。年齡越大，發生率越高，這經常是因為較大的丈夫和妻子，也比較多地有意接受婚外性交合，那些受教育程度越高的人尤其如此。

和父母職業等級的關係

20歲以前，這個方面幾乎沒什麼差異。但是25歲之後，那些出身於白領上層和專職業者家庭的妻子，會更多地投入婚外性交合，也更多地在其中達到性高潮。

世代差異

不管是累計發生率，還是各年齡段中的發生率，都出現了明顯的世代差異。到40歲時，1900年之前出生的一代妻子的累計發生率為22％，出生在1900～1909年的一代則是30％；之後兩代仍保持這個發生率。

各年齡段中的發生率，也是最老的一代最低，年輕的幾代增加。例如，在21～25歲這一年齡段中，出生在1900年前的妻子中，只有4％的人有過婚外性交合，但是出生在1900～1909年的人中是8％。在26～30歲這個年齡段中，上述兩代人的發生率分別為9％和16％。這種發生率的際遇增長，與婚前親暱和婚前性交合中的情況一樣，重大的轉折和躍增，都發生在「戰後的一代」中，也就是發生在第一次世界大戰之後的20年代中長大成人的那一代女性之中。

但是幾代人之中，婚外性交合的平均頻率並沒有增加，這和其他性行為中的情況一樣。所以我們必須著重指出，第一次世界大戰後婚外性交合的躍增，主要是因為投入這種活動的女性其絕對人數大幅度增加了，而不是當事的女性從事這個活動的頻率增加了。

青春期開始早晚的影響

這個方面顯然沒有什麼影響。

宗教信仰程度的作用

這個方面的作用，大於我們分析的任何其他因素的作用。在任何一種分類組裡，最虔誠的女教徒（無論她們是猶太教徒、天主教徒還是新教徒），婚外性交合的發生率是最低的。年輕教徒中這種差異就非常顯著，但是年齡較大的新教徒則更為突出。在21～25歲的新教徒中，有過婚外性交合的虔誠者只有5％；但是消極者中卻有13％。在31～35歲新教徒中，兩種人的比例分別為7％和28％。

頻率方面雖然有變化和差異，但是還不能證明它和宗教信仰有什麼必然的關係。

所需要的條件和實際內容

自古以來，無數文藝作品和民間口頭文學，都大量地、精心地描述了婚外性交合發生的時機、場合和微觀環境，我們在這裡就不必再添加什麼了。因為投入婚外性交合的人一般都有婚內性交合的經驗，所以他們此時所需的條件，通常和婚內性生活所需的一樣或類似。

對方

女性的婚外性交合男伴，大多數也是已婚男性，並且和她的年齡相近，但是也有更年輕或更老的，也有單身的。不少年輕的未婚男性也和已婚女性發生過婚外性交合，並且其中有一些是女性主動要求發生的。

到被調查時為止，已婚女性中只有1個婚外性交合男伴的人大約有41％。此外，有2個到5個男伴的人有40％；有5個以上的男伴的人有19％；有約3％的人有20個以上的男伴。婚外性交合中男伴的人數，比婚前性交合中多一些，這主要是因為婚外性交合發生在結婚之後的很長一段時間中，機會比短暫的婚前時期要多得多。

延續的時間

到被調查時為止，32％的有過婚外性交合的女性中只有10次以下經歷。約42％的人只在一年以內的期間有過，23％的人延續2～3年，35％的人延續4年以上，其中包括11％的人延續4～5年，14％的人延續6～10年，

8%的人延續11～20年，還有2%的人延續達21年以上。

　　當然，女性結婚時間的長短決定延續時間的長短和男伴的多少。到被調查時為止，全體女性的年齡中間值是34歲，平均已結婚7.1年，但是有過婚外性交合的女性，平均已結婚12.5年。如果我們調查平均結婚時間更長的女性，那麼她們的婚外性交合延續必然也會更久。按照結婚時間長短來計算，結婚6～10年的妻子中，有36%的人有過10次以下婚外性交合，但是在結婚20年以上的妻子中，這個比例僅是23%。但是如果按延續時間長短來分析，那麼結婚6～10年的妻子中，只有4%的人婚外性交合延續6～10年，但是結婚20年以上的妻子中，這個比例卻高達19%。

婚外親暱愛撫

　　不少已婚男女拒不接受婚外的直接插入陰道的性交合，卻接受婚外親暱愛撫。儘管我們沒有足夠的資料，但是這種現象在近年來似乎增加了。這種親暱不是局限在年輕人中間，中年人甚至更老的人中間也很常見。和婚前親暱一樣，發生的原因是為了得到其中的獨特滿足，或是為了避免懷孕，或者是因為環境不利，無法性交合，卻可以親暱愛撫。實際上，在晚宴上，在雞尾酒會上，在私人汽車裡，在野餐時，在跳舞時，已婚成年男女間的許多公開親暱都是許可的，儘管性交合是絕不允許的。親暱愛撫技巧也同樣可以引發性喚起和性高潮，但是因為它並沒有牽扯性交合那麼強烈的激情，所以才被相對地寬容。女性的婚外親暱經常發生在社交圈以內，其中也可以包括她的丈夫，但是男性一旦和一個女性有了性交合，就很少願意再讓她這麼做。

　　由於我們剛開始這項研究時，沒有意識到婚外親暱這種行為如此普

遍，所以很可惜，我們得到的關於這個行為的資料非常不充足，現在我們調查了1909個已婚女性的這個方面情況。她們當中，有大約16％的人雖然沒有婚外性交合，卻有過婚外親暱愛撫行為。

婚外親暱的技巧，當然和婚前的一樣，也和婚內單獨從事的親暱愛撫一樣。在有過這種行為的女性中，超過50％的人接受過針對乳房和生殖器的刺激，有些也接受口對生殖器的刺激。有不超過15％的女性在這種行為中達到過性高潮，包括2％的人雖然沒有性交合，卻也在親暱中達到過高潮。如果我們的資料再多些，這些比例應該還會更高一些。

和婚前性交合的關係

到被調查為止，總共有514個已婚女性有過婚外性交合，其中68％以上也有過婚前性交合。因為已婚女性中只有50％有過婚前性交合，所以婚前有過性交合的女性顯然比沒有過的女性更傾向於接受婚外性交合。

反過來計算一下，有過婚前性交合的妻子中，到被調查時為止，29％的人也發生過婚外性交合；但是婚前沒有過性交合的人中，只有13％已婚後有過。

出現這種現象的原因，一方面是由於自然選擇，結婚之後更易於接受非婚性交合的，正是婚前也容易接受的那些女性。但其中也可能有一些因果關係，婚前的經歷可能使女性認為，婚後也一樣可以接受非婚性關係。

然而，兩種女性的婚外男伴是一樣多的。

婚前有過性交合的女性，81％的人婚外男伴在5人以下；婚前沒有過性交合的女性，這個比例是80％。

道德和法律的態度

猶太教、伊斯蘭教等其他古代法典都認為，婚前貞操固然寶貴，但婚後的貞潔更為重要。一般來說，由這些古老法典中派生出來的基督教戒律，以及現行英美法律也是如此。所以，全世界幾乎所有社會和所有道德戒律，對婚外性交合的禁阻，都比對婚前的更嚴厲。

英美法律

在英美法的條文中，稱婚外性交合為「通姦」。對它的禁錮，主要來自於猶太法典和羅馬法典，又被基本源於猶太教的天主教的教會法極大地強化。

美國法律傾向於禁止一切婚外性關係，但也承認這是人類本性的表現，因此大多數州對通姦的懲罰並不嚴重，並且也不經常執行。有5個州，最高懲罰是罰款；有3個州根本不訴諸刑律；但是民事訴訟及處罰在許多州適用於通姦並且都可以成為離婚的條件。通姦也常表現為誘惑、遺棄或危害雙方的子女，很多人經常因此而被判罪，並且男女都有。有些州裡，如果妻子和別人通姦，將剝奪她分享丈夫財產的權利。通姦的定義最寬泛，懲罰最嚴厲的，是美國東北部的10個州。美國總共有17個這樣的州，在那裡，哪怕只通姦一次，也可以被判入獄。

在實際生活中，由於很少有第三者知道這種事情，所以婚外性交合很

少被起訴。即使知道了，也很少有人起訴到法庭去。不過，如果出現了婚外性交合本身之外的其他社會因素，例如妻子告狀、引起家庭不和甚至解體、夫妻反目、打架，乃至謀殺，這種行為也將被訴諸法庭。但是所有這一切都是婚外性交合被發現的產物。鄰居或親屬經常會揭發和起訴此類事件，進而發洩他們由其他事上積攢起來的對當事人的嫉恨。在這樣的案件中，法律經常會幫助這些心懷惡意的揭發者。地方行政官、檢察官或其他執法人員也經常起訴通姦，他們或許早就知道此事的存在，但是只有想發洩個人的或政治的嫉恨時，才會不失時機地揭發和起訴。波士頓是美國唯一一個積極運用通姦罪名的大城市，但是似乎主要是為了嚴懲零散妓女。

在覆蓋著美國三分之一人口的約14個州裡，法律規定：通姦罪僅適用於長期的、規律的性交合或公開姘居的非配偶關係的兩個人。這些州的高等法院明確指出，唯一的或偶然的性交合不適用於這條罪名。不過，在具體的審案過程中，那些有經驗的律師大多不願為這樣的被告辯護，然而下級法庭和那些執法官員一般都無視上述法律的確切界定。

社會態度

社會輿論、學術文章等幾乎根本不願公開坦率討論婚外性交合問題，這就極其鮮明地表現社會對此的譴責態度。在這種態度的深層，顯然潛流著一股相當大的妒忌和被壓抑的渴望。這種妒忌經常出現在男性身上。只要不涉及自己的丈夫，女性一般會寬容別人的婚外性交合，當然，她也會因為妒忌而譴責那個吸引自己丈夫注意力的女性，也會普遍譴責一切非婚性活動。這更多地反映一種恐懼，她害怕婚外性關係會降臨到自己丈夫的身上，導致干擾自己的婚姻。正像其他性活動所遇到的情況一樣，反對婚

外性交合最堅決最嚴厲的，正好是那些從來沒有過這種經歷的男男女女。有過這種經歷的人則更經常表示，他們願意再多一些這種事情。在我們的調查資料中，如果在婚外性交合中獲得滿足，並且沒有碰到個人的或人際的麻煩，那麼大多數有過此事的女性，都想把自己的活動繼續下去。

在從未有過婚外性交合的妻子中，這個比例只有44％。此外，沒有婚外性交合的人中，說自己想有的人有約5％，另有12％說自己在某種時候會考慮其可能性，加起來共有17％的人並不嚴格反對這種念頭。與此相對照，在已經有過婚外性交合的人中，卻有56％說自己願意或願意考慮把此事繼續下去。

12種作用

在強調婚外性交合對人際關係的作用和意義時，需要客觀地考慮兩方面的情況，一個是傳統道德對它的看法，另一個是人類動物對多樣化性經歷的渴求。任何科學的分析都必須注意兩方面的利弊。我們的資料尚不足以對此做出普遍意義上的回答，但是我們調查過的女性的經歷，已經指出婚外性交合的各種下列益處：

1. 婚外性交合吸引一些已婚者的原因是，它可以帶來新的，有時是更優越的性夥伴，進而多樣化他們的性經歷。正和在婚前性交合中一樣，婚外性關係中的男性一般總是比他在婚內性交合中更多更殷勤地去追求女性，性嬉戲也更久更豐富，性技巧也更多更適用。結果，很多女性能在婚外性交合中得到更多更大的滿足。當然，有24％的女性在婚外達到性高潮的次數少於在婚內達到的，但是34％的女性在兩種性交合中達到高潮的次數基本相等，並且還有42％的女性在婚外達到的高潮多於婚內達到的。

2. 許多女性或男性投入婚外性交合，是因為自覺地或不自覺地想透過這種人際性接觸來獲得某些社會地位。

3. 有些女性自己對婚外性交合並不特別感興趣，只是用它來遷就她的一位親密的男友。

4. 有一些女性或男性投入婚外性交合，是因為自己的配偶發生這種事情，她（他）想「以牙還牙」地報復配偶。有時也是為了報復配偶對自己

的某種非性的不良做法，無論這是真實存在還是自己臆想的。

5. 有時，婚外性交合給配偶一方提供一個機會，進而表示她（他）不受另一方的控制，或不受社會戒律的控制。這在女性和男性中都有。

6. 對一些女性來說，婚外性交合提供情感滿足的一個新泉源。一些女性發現，可以既發展這種情感關係，又同時和丈夫保持良好關係。但是也有一些女性覺得，自己沒辦法和一個以上的對象分享這種情感關係。我們的文化認為，婚姻鞏固是許多其他事情的象徵和證明，例如適應社會、遵紀守法、有愛情等等。這讓許多女性發現，自己投入婚外性活動之後，很容易產生犯罪感和人際關係上的困難。當然，也有些女性把自己的婚外性活動當作和另一方分享另一種形式的快樂。這樣的女性就很少把困難和障礙帶入婚外性關係，她們當然也就樂於其中了。

7. 經常有些婚外性活動產生和發展情感關係，進而干擾正式夫妻的相互關係。世界上的大多數社會，都一直最注意控制婚外性交合的這個方面。我們認為，這種苦惱是可以避免的，因為有很多人的婚外性關係並沒有產生這樣的後果。有很多個性堅強果斷的人，能夠規劃和支配自己的婚外性關係，使它避免任何可能的不良作用。不過，在這樣的情況下，堅強果斷的妻子或丈夫，也仍然必須設法不讓自己的丈夫或妻子發現這個事情，除非配偶的另一方也同樣是個堅強果斷的人，並且也願意跟別人有婚外性關係。然而，在我們今日的社會組織中，這樣的人並不是很多。

8. 有時，妻子有了婚外性活動之後，反而提高了能力，和丈夫的性生活更加和諧了。

9. 如果配偶不知道，婚外性關係就很少會惹起麻煩。最常發生麻煩的時候，就是配偶第一次發現這個事情的時候。有些婚外性關係保持了很

多年，對夫妻關係的協調一直沒有什麼不良影響，可是一旦配偶發現了此事，麻煩就來了，很多情況下馬上就會導致離婚。在這樣的例子中，被人發現發生婚外性交合所帶來的危害，可能會大於事情本身帶來的危害。這種麻煩，顯然是我們的文化對待婚外性交合的態度的必然產物。

有過婚外性交合的妻子中，有多少人認為丈夫這個事情，或者猜疑此事呢？資料如下：

丈夫已經知道的40％；

丈夫猜疑的9％；

丈夫完全不知道的51％。

丈夫知道或猜疑妻子有婚外性活動時，妻子遇到麻煩的情況如下：

嚴重麻煩42％；

較小麻煩16％；

根本沒有麻煩42％。

這些資料顯示，把沒遇到麻煩的妻子和丈夫不知此事的妻子按人數相加，在有過婚外性交合的所有女性中，共有71％的人並沒有因此遇到麻煩。

顯然，婚外性交合不是不可能在以後的歲月中引起婚姻麻煩。我們知道很多例子，有些丈夫在妻子剛剛發生婚外性交合之後的一段時間內，表現出坦誠和真心地接受這件事，但是在接下來的時期裡，卻對此事逐漸耿耿於懷。即使在婚外性關係已經開始5年甚至10年之後，在某些特殊環境下，例如：經濟狀況發生重大變化，丈夫升遷，又出現一個新的婚外性夥伴，都可以讓丈夫重新翻出陳年舊帳。

10. 在我們所調查的數千名女性中，只有16個妻子因為婚外性交合而懷

孕，共計18次，實際懷孕率可能比這要高一些。

大多數懷孕者最後都選擇了墮胎，有些孩子生下來後在外祖父母家撫養長大，有的丈夫知道此事，有的不知道。也有些婚外懷孕導致了離婚。

11. 也有不少的事例，是丈夫慫恿自己的妻子投入婚外性交合。這是對數百年文化傳統的一大挑戰。其中，有些丈夫是有意地努力讓妻子獲得更多的性滿足機會。不少丈夫是渴望以此來為自己的婚外性活動尋求一個被寬容的理由。人們所知道的「換妻」，一般都是基於這種原因。也有些丈夫鼓勵妻子婚外性交合，是為了能參與某些形式的群體性交合。有時，他參與群體性交合是因為他想尋求同性性行為，他能在觀看別的男性性交合時獲得滿足。偶然地，他讓別的男性和自己的妻子性交合，自己卻透過接觸那個男性而獲得滿足。有的丈夫則是為了製造機會，以便偷看妻子的婚外性交合場面，他的動機中混雜了多種多樣的因素。也有的丈夫是把妻子當成妓女，進而增加家庭的經濟收入，一些低階層男性這樣做過，但是受教育較多者和經濟收入較高者當中，這樣的人也不少。還有少數男性鼓勵自己的男友或陌生人和自己的妻子性交合，在強迫妻子投入這種活動的過程中，他可能獲得虐待狂式的滿足。

不過，我們要再次指出，絕大多數鼓勵或接受妻子婚外性交合的丈夫，都確實是正大光明地想給妻子一個機會，為了增加她所獲得的性滿足。

12. 我們在調查中也發現，女性和男性的婚外性交合是導致離婚的相當大一個因素。我們一共遇到907位這樣的男女。調查中，我們請其中的415位談過自己的情況，他們說明自己的婚外性交合對離婚產生什麼樣的作用。其中61%的人認為，它根本就不是離婚的因素；大約14%的女性和

18％的男性認為，它是離婚的主要原因；21％～25％的人則認為，它只產生輔助作用。不過，我們要注意，這些都是當事人自己的評價，正像臨床醫生很瞭解的那樣，婚外性交合對離婚的作用，經常透過更多的途徑，產生更大的效果，遠遠比當事人自己評價的更為複雜和重大。

　　自己配偶的婚外性行為對離婚發揮什麼樣的作用呢？這個問題，被調查者的評價意義不大，因為他們當中有一半人並不知道自己的配偶已經有過這樣的事情。男女都是如此。

　　特別值得注意的是，認為自己配偶的婚外性交合是離婚的主要原因的人，在男性中的比例是在女性中的兩倍。這樣的人在男性中約佔到51％，此外還有32％的男性認為這樣的事雖然不是離婚的主要原因，但也是相當重要的因素；只有17％的男性認為它只是很小的因素。與此相對照，女性中認為丈夫的婚外性交合是離婚主要原因的人只有27％；認為是相當重要原因的人有49％，但是認為是很小因素的人有24％。這也許是因為男性的婚外性行為對婚姻的危害並沒有那麼大，或是因為妻子對丈夫的這種事更為寬容，也可能是因為妻子並沒有弄清楚丈夫的這種事對婚姻穩固的實際影響到底有多大。相反，一旦男性發現自己的妻子有婚外性關係，他就會像雄性哺乳動物那樣，表現出更強烈的煩惱與嫉妒，並且準備採取更強烈的行動。

　　這些資料再一次強調了這樣一個事實：已經結婚的個體渴望和多樣化的性夥伴進行性交合，但是婚姻又需要穩固和維持，我們的文化還無法滿意地解決這個難題。也許，必須要等到人類更徹底地脫離自己的哺乳動物祖先，才會徹底解決這個難題。

第九章

同性之間的性反應和性接觸

　　根據發起性行為的最初刺激是什麼，由什麼樣的人發起，可以把性行為分為自我刺激、異性性行為和同性性行為。我們本章所討論的女性同性性行為是指，女性對其他女性產生的性反應和進行的明顯接觸。

　　術語「同性性行為」來自於古希臘文中的「同類」（ho-mo），而不是來自拉丁文homo，這個詞表示「人」。同性性行為和異性性行為相對應。

　　臨床醫生和大眾經常用同性性行為這個詞專門表示男性同性性行為，而經常用「萊斯博斯式行為」（lesbian）或「薩福式行為」（sapphic）表示女性同性性行為。這兩個詞都來自於古希臘住在萊斯博斯島上的女詩人薩福，據說她有女性同性性行為。這兩個詞很不好的原因是它們似乎顯示，男性的和女性的同性性行為有根本上的差異。

生理上的基礎和歷史情況

　　任何動物的行為，都是由它遇到刺激的性質、它的生理構造和能力、它之前得到的經驗來決定的。如果它之前的經驗對它沒有限制，那麼不管刺激來自於它自己、同性別個體，還是異性別個體，它都會做出相同的反應。

　　把性行為分為自我的、同性的和異性的，並不表示這三種刺激會產生三種不同的反應，也不是表示只有不同類型的人才可以對其中某種刺激做出反應。從解剖構造和生理方面來看，這三種行為引起的性反應和性高潮是沒有任何區別的。這三個術語只是說明刺激從哪來，不能用來表示做出任何一種行為和反應的個人。在本章中也是這樣，最多來表示發生的性「關係」是所進行的性行為的存在狀態，而不是社會或人際關係。我們不用這些術語來表示其中的個人。

　　人類遺傳了動物的生理能力，對任何一種足夠的刺激都可以做出相應的反應，所以在人類中也有同性性行為。這說明，只要有機會，只要以往的經驗不反對，任何一個人都可以對其他同性別個人發出的刺激做出相應的反應，並且和對異性刺激所做出的反應沒有什麼不一樣。我們必須指出的是，沒有什麼特殊激素可以促使人們投入到同性性行為中，也沒有什麼特殊的遺傳因數可以這樣做。有些學者認為，同性性行為是因為當事人幼年時過分依賴同性別的父親或母親，也有人認為是因為性發育停滯在嬰幼

兒階段的某個水準上，也有人認為是因為神經病態或精神病態，也有人認為是因為道德敗壞，還有很多其他哲學方面的解釋。但是以上的觀點都沒有足夠的可以支持和論證的科學資料。

我們的調查發現，以下的因素造成同性性行為：

（1）每個個體都具有對任何一種足夠的刺激做出反應的生理能力。

（2）一個偶發事件導致一個個體投入到其第一次同性性行為中。

（3）這個經歷對日後行為的制約作用和前提作用。

（4）當一個個體決定接受或反對同性性行為時，其他人的看法和社會的戒律發揮了間接的但是十分強大的制約作用。

有一種說法認為，即使前人類動物也是只有異性才可以相互吸引，這是源自人造哲學，並不是來自對動物行為的客觀考察；另一些生物學家和心理學家，接受「性的唯一功能就是生殖」的道德原則，所以簡單地否認在動物中也有不為生殖而從事的性活動。他們人為地規定：異性性行為是動物天性的一部分，是一種「本能的」需求，但是任何一種其他形式的性活動，都是「正常本能」的各種「變態」形式。事實上，在大多數動物中，異性性行為確實多於同性性行為，但是絕不能據此認為這是由於前者「正常」，後者「反常」。

在人類研究過的任何一種動物中，都有同性性接觸，雖然沒有異性性接觸那麼多，但是也有相當大的比例。異性性行為更多的原因是：

（1）雄性更有攻擊性，雌性更有臣服性，這種區別決定雙方只能在異性性關係中扮演不同的角色。

（2）同性別的兩個個體的攻擊性差不多，所以並不是所有個體都願意臣服於另一個同性別個體。

（3）插入雄性肛門比插入雌性陰道要困難得多。

（4）兩個雌性性接觸時沒有辦法插入，所以就沒有異性插入帶來的那種滿足。

（5）某些動物的兩種性別個體，具有不同的嗅覺、不同的解剖構造、不同的肉體特徵。

（6）經常的成功的異性接觸，對日後行為有心理上的制約。

對動物來說，在雌性和雄性中都有同性性接觸。在人們研究過的16種動物中，雌性的同性性接觸普遍存在。在一些動物中，雌性的同性性接觸和雄性的同性性接觸一樣多。舉個例子，任何一個養過牛的農民都知道，母牛之間的相互性接觸比公牛之間的更普遍，當然這也和公牛很少集中餵養有關係。

人們一般都認為，雌性動物只有在發情期或排卵期內才有性反應，但是事實並非絕對這樣。發情期的主要作用，是讓雌性接受另一個個體的性接觸，並不考慮另一方的性別或是否處於發情期。一頭母牛騎在另一頭母牛的身上，下面的母牛肯定處於發情期，但是上面那頭母牛在大部分情況下並非處於發情期。

動物從事性接觸的種類是由當時的環境，以及可能的性夥伴是異性還是同性來決定的。它們很少由以往的經歷決定，只有人類動物才這樣。

動物的這種情況證明我們的結論是正確的：任何一個沒有被之前經歷強力約束的動物，都可以對任何適當的刺激做出反應，人類動物也是這樣，例如那些在性遊戲中還沒有被嚴厲束縛過的孩子們。人們只有同性性行為或異性性行為，以及絕對偏愛兩種性行為的一種，都是由於當事者必須只從事其中的一種。有一些心理學家和精神病學家，只能反映他們生長

其中的某種文化的道德準則。他們花費很多時間去解釋同性性行為的起源，結果卻有很多錯誤，其實，如果知道了性反應的生理基礎，知道了人類行為的動物來源，就可以非常容易地解釋人類的同性性行為了。難以解釋的反而是，當事雙方及每個人，為什麼不從事所有形式的性行為，反而一定要有所側重。

人類歷史上的大多數文化，都很少接受同性性行為，卻更多地接受異性性行為。有些文化並沒有特別反對男性的同性性行為，有些文化期望甚至公開鼓勵未婚和某些已婚男青年從事同性性行為，但沒有一個文化對同性性行為的接受多於對異性性行為的接受。

更為原始的人類群體中，男性同性性行為也非常普遍，但是我們只發現了有6個原始群體記錄女性的同性性活動，而且大多數都說明這種活動特別罕見。只有美國西南部的莫哈維（Mohave）印第安人群體，記錄了女性中的絕對同性性行為，以及社會對此的公開稱讚。還有10～12個原始群體記錄了女性的易裝行為，但這與同性性行為一點都不一樣。我們的調查發現，只有少部分的易裝者有過同性性行為。

這些對原始群體的記錄，都是由歐美的人類學家們寫出來的，因此有可能是因為學者們的文化偏見，使他們較多地發現原始群體中的男性同性性行為，卻很少注意女性的。當然，也可能是因為女性同性性行為真的非常有限。原因可能是那些社會並不反對，所以女性也就普遍地接受婚前性交合；也可能是即使在大部分的原始群體中，婚姻對社會也是非常重要的。

年齡和婚姻狀況的影響

同性性行為和其他性行為一樣，都有三種狀態：

（1）主體被另一同性別的個體引發性喚起，不管雙方是否曾經發生過肉體接觸；

（2）雙方發生具有性意義的肉體接觸，不管雙方是否因此而產生性喚起；

（3）主體由於和另一個同性別的個體發生肉體接觸而產生性喚起，並因此達到性高潮。

在調查的全部個體中的累計發生率

有些女性在3、4歲時就對別的女性有過性喚起，這樣的女性在以後所佔的比例持續不間斷地上升。僅僅以有性喚起為標準，那麼8歲時有2%的女性對別的女性有過性喚起；15歲時是10%；20歲時是17%；25歲時是23%。再往後的話增長速度變慢，到45歲時是28%。

以出現特有的性接觸為標準，情況也是這樣，比例持續上升。12歲時是1%；15歲時是5%；20歲時是9%；25歲時是14%；35歲時是18%；到45歲時為20%。

女性的同性性活動大多發生在單身女性中，曾婚女性中較少，已婚女性中就非常少了，例如到40歲時，尚未結婚的單身女性中有過同性性活動

的人有24％，已婚女性中僅有3％，曾婚女性中有9％，這三種人共同構成這個年齡上的整體發生率的19％。結婚早晚對同性性行為婚前的發生率並沒有很大影響，只是讓許多已婚女性停止了這種活動，因此她們之中的發生率特別低。

以有過性接觸並且達到過性高潮為標準，12歲時是1％，20歲時是4％，30歲時是10％，直到45歲才達到13％。也就是說，對於有過同性性行為的女性，有一半到三分之二的人達到過性高潮。但是，在我們的調查中，女大學生和女研究生的數量多於國中和高中的女性，所以美國總人口中的真實發生率，可能低於上述資料。

當事人的性高潮發生率

20歲之前，透過同性性行為達到性高潮的女性只有2％～3％；而出現性喚起的比例卻是這的5倍，發生性接觸的比例是這的3倍。20歲之後，未婚單身女性的性高潮發生率逐步提高；到40歲時達到頂峰，是10％。此後又慢慢下降，46～50歲約是4％。沒有辦法計算50歲以上女性的發生率，但是我們知道直到70多歲，仍存在這樣的人。

對於已婚女性中，從16歲到35歲，這種發生率一直在6％左右；此後又是3％～4％；但55歲之後僅是1％。

性高潮的頻率

對於單身並且有過同性性行為的女性，在20歲之前的時候，達到性高潮的頻率為0.2次/週（每5週1次）；在30歲之前的時候為0.4次/週；以此往後的10年時間裡沒有變化。這個頻率比透過性夢和異性親暱愛撫達到性高潮的頻率要高，和透過自我刺激而達到性高潮的頻率基本持平。

在這個方面，不同的個體之間差異很大。高頻率者一方面是因為有較多次的同性性接觸，另一方面是因為能在其中多次達到性高潮。在每個年齡段中，都有一些女性的平均頻率高達每週7次或更多。在21～40歲的女性中，有些人竟然高達每週29次多。和其他性行為的最高頻率相比，同性性行為的頂峰是出現在31～40歲之間，而並非出現在年輕時。

　　女性同性性行為經常是間斷進行的，有時候好幾天有一次，有時候很多週或很多月都沒有。但是也有一些女性住在一起，有規律地進行同性性行為，可以長達10～15年甚至更長時間。在男性中這種長久關係特別少。我們的文化更容易接受兩個女性之間的長久關係，所以她們這樣做比較容易。當然，男女生理基礎的不同也是部分原因。

　　已婚女性透過同性性行為達到性高潮的發生率，雖然只有1％左右，但是在頻率方面，不同個體之間差異也很大。大部分妻子一生只有幾次，但是每個年齡段裡都有女性可以達到每週2次或更多。有少數已婚女性只進行同性性行為，她們並不和丈夫進行性交合，只是為了遵守社會習俗才繼續和丈夫生活在一起。然而，儘管雙方都進行婚外性生活，這樣的夫妻中也有一些可以適應社會。

　　曾婚女性的頻率要高於已婚女性。有些女性在結束自己的婚姻後，和自己最初與之發生同性性行為的那個女性一塊建立起一個新家，並且長期過著同性性生活。有些女性離婚是因為自己對同性性行為感興趣，並且再也不結婚，但是這種情況特別少。然而，我們必須強調說明，住在一起的大部分未婚女性從來沒有任何意義上的性接觸。

在性釋放中所佔的比例

同性性接觸在給女性帶來性高潮方面更加有效。所以雖然它的發生率相對低，但是在未婚女性性釋放中所佔的比例卻較高；15歲之前是4％，25歲之前是7％，40歲之前是19％。這個比例只比自我刺激和異性性交合低。但是已婚女性的這個比例卻只在0.5％以下。曾婚女性的比重稍微高一些，年輕的只有大約2％，35歲的將近10％。

持續時間

幾乎三分之一的女性的同性性行為只有10次以下；47％的女性持續了一年以下；25％的女性持續2～3年。她們之中大多數人的大部分同性性行為都是在年輕的時候發生的。19％的女性持續4～10年，7％的女性持續11～20年；還有2％的人持續21年以上；有些人甚至持續30年或40年。如果我們調查多一些老年女性，估計還會有更多延續時間長的人。

同性性夥伴的人數

截止到被調查時，單身女性中只有一個同性性夥伴的人有51％，有兩個的是20％，29％的人有3～10個，3％的人有11～20個，有21個以上同性性夥伴的人有1％。

這個方面，女性受的局限比男性要多。對於有過同性性行為的男性，有過10個以上性夥伴的人有22％，有些人甚至有數百個，這顯然是由於男女基本心理素質是不同的。

教育、時代和宗教的影響

女性同性性行為的發生率，和她們的受教育程度有直接的關係，而且這種關係比其他任何性行為都更加緊密。

對於累計發生率，在對同性產生性喚起方面，國中和高中教育程度者最低，大學明顯高一些，但是最高的是研究生。例如，到30歲時，國中教育程度者中有10％，高中有18％，大學有25％，研究生達23％。

明顯的性接觸累計發生率和上述情況差不多。到30歲時，從低到高四種程度者的累計發生率分別為：9％、10％、17％、24％。

在達到性高潮方面，從低到高四種程度者分別是：6％、5％、10％、14％。

我們傾向於認為，道德對婚前異性性活動的嚴厲禁止，是同性性行為產生的唯一最重要的因素。在那些能供得起女兒上大學的社會階層裡，這種道德禁止或許是最強大的。

在大學裡，女孩們繼續受到學校方面的禁止，因為家長們最怕自己的女兒在大學變壞去違反異性性關係的道德，學校必須用實際行動來消除家長們的擔憂。一般上學時間越長，結婚就越晚，這些女孩就更難較早地投身到異性性關係，那些研究生女孩們更是如此。這一切都有利於產生同性性行為，並且在受教育較多的社會階層裡，人們比較能接受同性性行為，社會也較少關注同性性行為。

在透過同性性行為達到性高潮的頻率方面，15歲以前的女性中，國中教育程度者和高中較高，可能是由於受教育較多的階層對自己女兒的性禁錮也比較多。但是20歲之後就沒有什麼差異了，不同教育程度女性的平均頻率都是每2～3週有1次。

對於在性釋放中所佔的比重，15歲以前的女性中，國中和高中是14％；大學和研究生僅是1％～2％。繼續往後，情況就反過來了。30～40歲之間時，研究生卻仍然沒有結婚的女性中的這個比重增長為18％～21％。但是這樣的女性中只有11％的人有過同性性行為，結果更加證明，女性透過同性性行為獲得的性高潮，比透過其他任何一種性行為獲得的性高潮都更多且更經常。

與受教育程度方面表現出的鮮明差異相反，同性性行為中幾乎沒有任何際遇上的差異。不管以哪個角度或指標來衡量，過去40年間的四代女性都沒有什麼差異。當今進行同性性行為的女性並不比40年前多，她們的頻率也不比40年前更頻繁。

我們前面說過，任何一種其他的性行為都有際遇上的差異，「戰後一代」是轉折的象徵，只是在變化的程度方面有些不同。但是女性同性性行為沒有差異，我們一時還沒有發現其中的原因。

當事者的宗教信仰程度和她的受教育程度一樣，是最明顯地影響其同性性行為發生率的社會因素。

從累計發生率來看，虔誠女教徒最低，消極女教徒最高。例如，35歲的新教徒中，透過同性性行為達到過性高潮的人在虔誠者中只有7％，而在消極者中卻有17％。在天主教徒中的差異更加明顯，到35歲時，在虔誠者中這個比例僅為5％；但是在消極者中卻達到約25％。猶太教徒的差異也同

樣大。

幾乎毫無疑問，使女教徒無法投入同性性行為的是道德禁阻，尤其在虔誠者中那種強大的禁錮，同樣也有一些女教徒因為宗教戒律禁止她進行婚前異性性接觸，所以才轉而進行同性性行為。也有一些虔誠女教徒，沒有辦法把自己的行為與宗教戒律統一起來，結果不得不遠離教會，變成消極教徒，這也促使消極者中的發生率增高。

在透過同性性行為達到性高潮的發生率方面，情況也是一樣的，例如：到26～30歲時，未婚女虔誠新教徒的這個發生率僅是5％，但是消極者中這個比例卻是13％。

從在性釋放中所佔的比重來看，情況也是如此。原因一方面是大多數虔誠的女教徒，尤其是較老者，一般來說在任何一種性行為中都不能達到性高潮，另一方面是可能有自然選擇的作用，那些根本無法接受同性性行為的人，就是那些性反應極差的人。

女性同性性接觸的技巧

　　女性在同性性行為中使用的各種技巧，和她們在異性親暱愛撫中所使用的技巧差不多。兩者的唯一不同，就在於是否有一個真正的陰莖插入陰道。

　　女性在同性性行為中的肉體接觸，經常只是簡單的接脣吻和一般的身體接觸。有些女性，即使是一些長年進行並且只有同性性行為的女性，她們的肉體接觸也僅僅是這樣。很多女性只是偶爾地刺激對方的乳房和生殖器，並沒有什麼其他的行動。但是，那些進行過很多次同性性行為的女性就不一樣了，她們普遍使用更深一步的技巧：

1. 接脣吻（簡單吻）
2. 接舌吻（深吻）
3. 手摩刺激乳房
4. 口刺激乳房
5. 手摩刺激生殖器
6. 口刺激生殖器
7. 生殖器相互抵觸

　　除了上面的那些性技巧之外，用某種物品代替男性陰莖並且插入陰道的行為，在女性同性性行為中是非常非常少的。

　　沒有同性性行為經歷的男男女女們，一般都不瞭解，兩個女性相互

使用的性技巧，和一男一女在親暱愛撫或性交合中所使用的技巧同樣有效果，甚至更加有效。我們知道，男性的陰莖插入陰道時，主要刺激的是女性的陰蒂、小陰脣內面和陰道入口處。所以用手指或口舌同樣地刺激這些部位時，一樣可以引起性高潮。但是，有些女性只有當陰莖深深插入陰道底部時才可以達到性高潮，或者僅僅有一種意識上的滿足，所以她們就會感到同性性行為沒有異性性交合好。

部分原因是這種特殊的關係具有特別強的心理刺激。但是也有人認為，當兩個同性別的人在一起時，她們很瞭解雙方的解剖構造、生理反應和心理狀況，明顯超過對異性的瞭解。大部分男性都喜歡研究女性的性功能，他們同樣也喜歡被女性研究。男性喜歡從刺激生殖器開始他們的性行為，他們喜歡運用變化多種多樣的、卻對大部分女性來說都沒有什麼效果的心理刺激。事實上，女性在異性性交合時，同樣更喜歡使用一些一般只在同性性行為中才使用的技巧。她們更喜歡在開始任何一種性接觸之前，都有大量的一般化的情感刺激。在接觸生殖器之前，她們一般都希望有針對全身的生理刺激。

她們尤其希望刺激自己的陰蒂和小陰脣，她們甚至希望，一旦開始刺激之後就不要停止，直到達到性高潮。但是男性與此不一樣，和女性相比，他們在更大的程度上依賴心理刺激，所以當他們把女性引入異性性關係時，問題就變成如何使用技巧。

當然，男性完全可以學到足夠的關於女性性反應的知識，進而使自己的異性性行為更加有效，就像女性在大部分同性性行為中所實現的那樣。男女生殖器的插入交合可以帶來額外的樂趣，並且公眾輿論和道德鼓勵異性性接觸而譴責同性性接觸，所以對大多數人來說，與同性性行為相比

較，男女性交合總是更能滿足他們。如果異性性行為中的雙方能更多更經常地使用關於女性性構造和女性心理的知識，就像女性同性性行為中的雙方那樣，那麼他們就能得到更大的滿足。

確定同性性行為的程度

　　一些人的性反應和人際性活動，僅僅是指和自己同性別的個體，而另一些人則僅僅是指和異性別個體，這是兩種極端的形式，人們把兩者分別稱為同性性存在和異性性存在。

　　然而，不管是在男性還是在女性中，都有一些人既有指向同性別個體的性反應和性活動，也有指向異性別個體的。這兩種情況對於有些人來說，是其中的一種情況出現在他們一生中的某個時期，另一種情況出現在另一時期；而有些人是一直同時存在這兩種情況。我們定義這樣的人是雙性戀者（bisexual）。

　　有些人對男女兩性都只是在心理上有反應，有些人則和兩性都有明顯的性關係。很多人並不知道這種現象，那些知道這種現象的人也很少能夠理解其存在的原因。人類思想的一個特點就是，總是想把任何現象都截然地分成非此即彼的兩大類，只有是與不是兩種情形。人們總認為，性行為要嘛是正常的要嘛是反常的，社會對它們要就是完全接受，不然就是完全不接受，任何一個人如果不是「同性戀者」，就一定是「異性戀者」。很多人根本不想相信，在這些情況的兩個極端之間，還有廣闊的中間地帶，還有關於量的變化的不同級別。

　　經過這樣的劃分，人們經常說的所謂「異性戀者」，就是那些從來沒有過任何同性性行為的人，但是所謂的「同性戀者」卻包括了即使只有

過一次輕度同性性反應的人，甚至還包括那些人們懷疑有過同性性行為的人。對於那些只進行同性性行為的人和偶然有過同性性行為的人，法律、輿論和社會不分青紅皂白地一律給予懲罰、譴責和排斥，並且實施得特別快。這些都是傳統的截然對立、黑白分明的分類法在人類個體中使用的結果。

同性性行為和異性性行為之間的分級

我們分級的原則是：

依據每個人的實際經歷來劃分，不考慮這個人是否已經明確認識到自己的經歷是哪一類。

依據這個人是否有過相應的經歷來劃分，無論次數多少，內容豐富與否，既會依據明顯的行為，也會依據心理上的反應。

心理反應和明顯行為經常同時出現，並且所佔的比重也經常相等。我們團隊的兩位學者曾經分別地獨立依據心理反應和明顯行為兩種標準進行統計，結果他們各自得出的結果相差不超過1％。依據每個人在一個統一的特定年份中的情況來劃分，無論這個人持續時間的長短，無論事先事後是否發生變化。

儘管可以無限深入地進行劃分，但是我們只劃分了7級。這7級的定義，這裡只是簡單地重複一下：

0級——一切性反應和性活動都是針對異性，可以稱這種人是只有（絕對）異性性行為者。但是，進一步分析可能會發現：任何一個人都可能會偶然地對同性的刺激做出反應，或者有這種做出反應的能力。

1級——偶爾有針對同性別個體的性反應和性活動，很少故意地想重複

這種行為，並且遠少於針對異性的性反應和性活動。

2級——有過明確無誤的同性性反應和性行為，想到將會發生這種事情時總是有性喚起。

3級——同性的和異性的性反應和性行為大致相等，沒有表現出明顯的偏愛。

4級——同性性反應和性行為多於異性的，並且偏愛同性之間的，但是仍然有很多的異性反應和性行為。

5級——幾乎一切性反應與性行為都是針對同性，只是偶爾地針對異性。

6級——沒有任何針對異性的性反應和性行為，可以稱這種人是只有（絕對）同性性行為者。

7級——無論對什麼性別的個體都沒有性反應和性活動。青春期開始之後，在男性中很少有這類的人；但是在任何一個年齡段裡，都有很多這種類型的女性。透過進一步分析也許能證明，她們事實上是可以對人際性刺激做出一些反應的，只是到目前為止，她們還從來沒有這樣的經歷。

每一級別所佔的比例

以下要講的百分比和本章前面所說的資料不太一樣，因為這裡既包括了明顯行為，也包括了心理反應，但是前面只是計算明顯的性接觸。

這裡資料的來源都是來自20～35歲之間女性：

1～6級：未婚女性中佔11%～20%，已婚女性中佔8%～10%：曾婚女性中佔14%～17%。

2～6級：未婚女性中佔6%～14%，已婚女性中佔2%～3%，曾婚女性

中佔8%～10%。

3～6級：未婚女性中佔4%～11%；已婚女性中佔1%～2%；曾婚女性中佔5%～7%。

4～6級，未婚女性中佔3%～8%；已婚女性中低於1%；曾婚女性中佔4%～7%。

5～6級：未婚女性中佔2%～6%；已婚女性中低於1%；曾婚女性中佔1%～6%。

6級：未婚女性中佔1%～3%；已婚女性中低於3%；曾婚女性中佔1%～3%。

7級：未婚女性中佔14%～19%：已婚女性中佔1%～3%；曾婚女性中佔5%～8%。

男女情況的比較

很明顯，女性同性性行為的發生率和頻率都遠低於男性；女性的累計發生率是28%，但是男性的卻達到50%。透過同性性行為達到性高潮的比例，女性中是13%；男性中卻達到37%，還有，女性中幾乎絕對同性性行為者，只是男性中的一半到三分之一。女性的延續時間也比男性短。有過同性性行為的女性中，只有1～2個性夥伴的人佔71%，但是男性中這個比例只是51%。

臨床醫生和大部分公眾都認為，女性中的同性性反應和性行為要多於男性中的，這毫無疑問是錯誤的。這種看法可能是基於這樣的原因，在我們的文化中，和男性相比，女性更加公開地表達她們之間的感情。女性不但可以在公共場合手拉手、互相勾肩搭背、公開相互撫摸和接吻，還可

以公開表達她們對另一個女性的傾慕和愛戀。她們不會被認為是對「同性戀」感興趣，但是男性如果也這樣做，則必然會遭到別人的指責。男性根據自己的心理特徵，和依據那些做法得出的片面觀察，都傾向於認為，女性上述的公開行為反映出她們性意義上的愛情，並且這早晚有一天會發展成為真正的同性性行為和性關係，但是實際情況並不是這樣的。我們的資料證明，很多女性對另一個女性表達過愛戀之情，但這不是心理上的性興趣，也沒有幾個女性因為這發展成為明確的同性性活動。

有一些男性一想到兩個女的也可能進行同性性行為，馬上就會出現性喚起，那種以為女性中「同性戀」多於男性中的看法，可能就代表著這類男性的期望和玩小聰明的判斷結果。這類男性在心底想鞏固或否定自己對同性的性興趣，精神分析學者已經見過很多這種情況。

實際上，男性對同性性行為的興趣遠大於女性，甚至有著巨大的差別。男性經常和其他男性討論和取笑自己的性行為，很多男性對自己的和其他男性的生殖器特別有興趣，很多的男性經常鎖住臥室的門，給自己展示自己的生殖器，這種事情也會發生在浴室、游泳池或其他可以游泳的地方；男性對下面一些東西特別感興趣，描繪生殖器和性動作的照片或圖畫、講述男性和女性性技巧高超的故事、笑話或小曲，畫在或寫在廁所牆壁上描繪著男女生殖器及其功能的「廁所文藝」。

圍繞著男性的這種同性性興趣，很多相應的場所也發展起來，例如：咖啡館、小餐廳、夜總會、公共浴室、體育俱樂部、游泳池，以及某些裸體表演場所，還有一些更為特別的男性性愛雜誌，以及有組織地進行男同性性行為者的小組討論。

這一切在女性中都特別罕見或根本沒有。有一些男性活動場所，例如

為同性性行為者準備的浴室和體育俱樂部都是源於古代，但是歷史上的任何時期，都沒有專門為女性設立這樣的場所。世界上所有地方的大街上或某個建築物裡，都有只為男性服務的同性性行為男妓，但是世界上任何一個地方都沒有專門為女性服務的同性性行為女妓。男女兩大性別在性心理方面的根本區別，造成上述的他們在同性性行為方面的各種差異。

在社會中同性性行為的境況

假如一個人的行為，影響了其他社會成員的財產或全體人員的安全，那麼社會當然要給予一定的關注。所以事實上，全世界的每個社會都想控制那些使用暴力或強迫的性行為，和那些導致非自願懷孕的性行為，以及那些破壞婚姻進而危及到社會組織的性行為。但是，在我們的猶太教-基督教文化中，宗教戒律、公眾輿論和法律也懲罰其他類型的性活動，並不是因為這些活動危害了其他社會成員的財產或社會安全，只是因為這些活動違反了特殊文化中的習俗，或者是僅僅因為其他人本能地認為它們是罪惡的或錯誤的。

社會和法律對違背習俗的行為的懲罰，遠比對那些真正危害了其他社會成員或社會組織的行為的懲罰要嚴酷得多。在我們的美國文化中，口與生殖器接觸和同性性行為，這兩種性行為由於背離習俗、道德和公眾的看法，所以經常遭受最重的懲罰。世界上除了英格蘭以外，沒有一個文化，甚至沒有一個歐洲文化，像我們美國這樣這麼嚴酷地對待男性同性性行為。但是有趣的是，不但是在美國，在歐洲，全世界的文化中，公眾都很少關注女性同性性行為。

為了搞清楚人們對同性性行為的態度，我們詢問每個被調查者：「你願不願意接受這種性行為？你是贊成還是反對男性或女性做這種事情？」結果正如我們所期望的，一個人的態度受他（她）有沒有過同性性行為這

個事實的影響。下面做一下具體分析：

自己能接受的

對於142位有過次數最多的同性性行為的女性，她們的回答情況如下表所示：

後悔程度	比例（%）
一點都不後悔	71
有一點點	6
多少有一些	3
是的，後悔	20

那些沒有過同性性行為經歷的女性，說自己想經歷一下的人只有1％；說如果有機會可以接受的人，只有4％多一點。

但是，對於已經有過一些同性性行為的女性，希望再有更多一些的人有18％，說不清希望什麼的人有20％，不想再繼續下去的女性有62％。對於希望繼續下去的女性，基於明確的、自願的選擇的人有約18％，因為她們根據自己的經驗認定，和任何其他性行為相比，同性性行為更能滿足自己。其他女性則只是沿著阻礙最小的那條路走下去，或者只是簡單地接受多少有些強加給她的那個模式。

從社會最底層到最上層，每一種群體中都有一些女性有過並且希望繼續有同性性行為，包括售貨員、工廠女工、護士、祕書、社會工作者，以及妓女。在年齡較大的女性中，有很多人在她的同性性關係協調中感覺很成功，也很快樂，同時在社會上也創造了很好的經濟狀況和社交圈子；有

些人還在社會組織中得到相當高的地位。其中，有一些受過高等教育的女性，在有婚姻和丈夫協助的日子裡，已經有了較高的社會地位，但是在以後的歲月中，卻發現同性性行為比異性性行為更適合並且有利於自己，這些人包括女職員，甚至包括女經理和女老闆、中學和大學女教師、女學者和女研究人員、女醫生、女精神病學家、女心理學家、女軍人、女作家、女藝術家、女演員、女音樂家等，幾乎分布在社會組織的每個分支裡。對許多這樣的女性來說，如果她們不放棄自己在事業上的追求，異性性關係或婚姻就一直是個麻煩。對一些年齡較大的女性來說，若她們無法和丈夫或男伴協調好性生活，那麼除了女性同性性行為之外，她們根本沒辦法投入到其他任何一種人際性接觸；並且女性同性性關係也經常含有豐富的愛戀和強烈的激情。

　　但是，也有一些有過同性性行為經歷的女性因此而產生很大的苦惱。當一個人投入到社會、法律和宗教所反對的活動時，經常會有犯罪感，這樣的人一般都真的不想再繼續這種活動，但是也有一些女性之所以對自己的同性性關係不滿意，僅僅是因為她們和某些特定的性夥伴有了衝突，或者是因為她們這種同性活動在社會上遇到了麻煩。

　　對於同性性行為比較多的女性來說，因此遇到麻煩的人約有27％。其中有一些是因為她們發現，她們不能和自己最感興趣的女伴繼續保持肉體的或交往的關係，同時又拒絕和其他女伴建立新的關係；但其中也有整整一半的人，是因為她們的配偶、男伴或其他家庭成員發現她們的同性性行為經歷後拒絕接受，而引起的麻煩。

　　然而，不管有沒有過同性性行為經歷，都有一些女性堅決否認她幻想進行或繼續這個行為，這是因為，這種抵賴正是社會所期望的事情。事實

上，如果有機會，又有保險的環境，抵賴的女性中也同樣會有一些人實際地接受同性性行為。人們很難知道，一個人在面臨一個性接觸的機會時究竟會做什麼，估計那個人自己也很難預料。

對別人的行為的態度

我們詢問過每個被調查的女性：她怎麼看待同性別或異性別的人進行同性性行為，支持、反對還是中立？如果她發現自己的男友或女友有過同性性行為，她還會繼續和她（他）做朋友嗎？回答的普遍情況如下：

1. 對於自己有過同性性行為的女性來說，支持別的女性進行這種行為的人很多：明確支持的有23%的人，明確反對的人只有15%。

2. 在自己有過同性性行為的女性中，支持男性進行這種行為的女性要少於支持別的女性進行這種行為的女性：支持男性有的女性只有18%，但是明確反對的人有22%。

3. 對於自己從來沒有過同性性行為的女性，她們極少支持任何人從事同性性行為：支持男性進行的人只有約4%，明確反對的人卻有42%，支持女性進行這種活動的人只有約4%，但是明確反對的人卻有39%。

4. 在自己有過同性性經歷的女性中，若發現自己的女朋友也有此經歷，約88%的人會選擇繼續做朋友；只有4%的人持有相反的看法。其中，有些人是因為不滿意自己的同性性經歷，但是也有些人是因為不願意讓女友把自己引入到一個新的同性性關係之中。

5. 對於自己有過同性性經歷的女性，若發現自己的男性朋友也有過這種活動，那麼會選擇繼續跟他保持朋友關係的人是74%，只有10%的人持有相反的看法。這10%的女性之所以反對男性朋友從事同性性行為，一般

是由於她們認為「男同性戀者」缺乏男子漢的魅力。其實這種回答顯然不真實，因為我們這裡所講的男性朋友，是指被調查的女性很早就當作朋友的那些男性，他們顯然是有男子漢魅力的。

6. 自己沒有過同性性經歷的女性，都不太願意接受有過同性性行為經歷的女性做朋友，會接受的人只有55％，絕不接受的人有22％。這22％的人反映我們猶太教—基督教文化的特徵。

7. 自己沒有過同性性經歷的女性，會繼續和一個有過同性性行為的男性做朋友的人有51％，不會這樣做的人有26％，持中立態度的人有23％。我們在《男性性行為》中講過，女性的這種排斥態度，也是使得偶然有同性性行為的男性成為絕對同性性行為者的因素之一。

道德對女性同性性行為的看法

古代西臺人、巴比倫人和猶太人的法典中，雖然懲罰血親之間和特殊社會身分者之間的同性性行為，也懲罰使用暴力和強迫的性行為，但不是一視同仁地不加以區分地懲罰這個行為。猶太人開始改變態度是在大約西元前7世紀，「巴比倫之囚」之後。

在此之前，猶太人和亞洲大部分地方甚至世界上許多地方的文化一樣，把口和生殖器接觸和同性性行為納入到自己的宗教活動之中。在之後發生的猶太人民族化的過程中，出現了一種傾向，試圖破除那些和周圍民族一樣的習俗，以此來顯示自己民族的獨立。於是，猶太教開始以偶像崇拜活動作為理由，懲罰這兩種性行為，而並不是作為性犯罪，因為它們代表著周圍其他民族的生活方式和宗教。隨後，又把它們當作宗教異端來懲罰，但是也沒有涉及性的意義。然而不久之後，這種移風易俗式的改革就

變成一種道德準則，最後又變成一種要用刑罰來維護的東西。

　　基督教的早期教父們把猶太教的性戒律吸收到自己的法典裡，聖保羅是發揮作用最大的人，他自己成長在猶太教的傳統性文化之中。基督教的性戒律完全是猶太教的繼續。在中世紀歐洲，教會法對一切道德問題進行審判。後來英國習慣法和成文法的基礎就是教會法，再往後，美國各州法律也以此為基礎，並且基本上一直沒有變化。

　　對同性性行為的和其他類型的性行為的懲罰，都是基於這樣一種假設：它們不符合性的主要功能，而人們認為性的主要功能是生殖。它們不符合人們所認為的「正常的」性行為的標準，所以是一種「變態」。人們還假設，同性性行為的普遍流行將會危及到人類這個物種的存在，要是道德戒律、公眾輿論和法律條文不嚴厲地懲罰它，家庭和社會組織將無法繼續延續下去。這種假設忽視了這樣一些事實，儘管現存的哺乳動物普遍都存在同性性行為，但是牠們作為物種也一直存活並延續到今天；在某些文化（例如伊斯蘭文化和佛教文化）中，男性同性性行為是非常普遍的，可是這些文化擔心的不是人口減少，反而是人口過多，更有趣的是，正好是在這些文化中，家庭制度尤其強大。

法律對此的態度

　　顯然，法律不可能懲罰針對同性的性興趣和性反應，但是美國每個州的法律都懲罰同性性行為所使用的某些或所有類型的接觸。在各州的法律條文中，這些接觸有五花八門的稱呼——所多瑪式性行為、反人性的罪惡、雞姦、公開或私下的猥褻、變態的或違反天性的動作、肉體的下流行為、反自然的或邪惡的和淫邪的行為等等。大部分州都非常嚴酷地懲罰同

性性行為，許多州的嚴酷程度就跟懲罰最嚴重的暴力犯罪一樣。如果涉及到一個成年人和一個未成年人，懲罰將會更加嚴酷。

只有一個州——紐約州，在它的法律條文中，用間接的詞句表示，它不會用刑法懲罰成年人之間的、私下進行的、雙方都同意的同性性行為。許多其他歐洲國家也有這樣的規定。很顯然，全世界較大的文化中，只有在今日的美國，法律和公眾輿論才如此地嚴厲懲罰同性性行為。

照理說，法律懲罰同性性行為時應該對男女一視同仁。但是事實上，在古代西臺法典中，只是懲罰特定情況下的男性同性性行為，根本沒有提到女性的。同樣，在猶太教法典和《聖經》中也只提到男性的，通常可以判處有同性性行為的男性死刑，但是對於同類型的女性卻沒有嚴厲刑罰，而且幾乎根本不提這種行為。

在中世紀歐洲歷史上，有很多處死「男同性戀者」的記載，但是對付女性的記錄卻極其少見。現代英國和其他歐洲國家的法律，仍然只針對男性，但是美國法律卻針對男女兩性，懲罰條文中一般都寫著「所有個人」、「任何個人」、「無論是誰」、「某人」、「任何人類成員」等等，並沒有明確說明性別。只有5個州的條文明確地不包括女性同性性行為，而其他州的法庭在原則上是可以包括女性同性性行為的。

當然，在整個美國好像並沒有一個女性真的因此而被起訴和判罪。我們調查了數百名有過同性性行為的女性，其中只有3人跟警察發生過小摩擦，只有1人有過大麻煩，但是沒有一個人被送上法庭。有些身處監獄教養院的女性和身為軍人的女性，因此受過很重的行政處罰，但是也沒有人被送上法庭。

在1896～1952年間的美國司法記錄中，有數百名男性因此被判刑，

但是僅有一名女性因此被判刑。在1874～1944年間被送入印第安納女性監獄的人裡，因同性性行為的只有一人，並且還是因為發生在勞教場所中。1930～1939年的紐約市，因此被捕的女性只有一個，並且還是以其他罪名。過去10年中紐約市因此被捕的女性只有3個，而且都已經釋放了，但是卻有數萬男性因此被捕和起訴。

我們不完全清楚社會和法律的態度為何如此不同，僅提出以下幾點理由：

1. 在西臺人、猶太人和其他古代文化中，女性的社會地位低於男性，所以社會或多或少忽視她們的私下活動。

2. 女性同性性行為的發生率和頻率都低於男性。不過，真的按比例衡量，被送上法庭的男性也遠遠多於女性。

3. 男性同性性行為經常因為街頭拉客、聚眾賣淫或其他活動而引起了公眾的注意。

4. 懲罰男性，不僅僅是因為同性性行為，也因為他們口與生殖器接觸、肛門接觸，但是很少人知道的是，女性在同性性行為中也使用過口與生殖器接觸的技巧。

5. 女性很少因為這影響到結婚或是損害婚姻，男性卻相反。

6. 天主教戒律強調，男性的性交合之外的一切性活動，都是一種浪費精液的罪惡，但是女性的非性交合活動不存在這個問題。

7. 某些有過同性性行為的男性有女性氣質和其他個性特質，會引起社會的反對，但是社會較少地反對有同性性經歷的女性的個性和氣質。

8. 大部分公眾對女性都有某種同情心，尤其認為較老的、尚未結婚的女性，如果沒有同性性行為，就很難有其他性接觸的機會。

9. 許多從事異性性行為的男性，一想到兩個女性在一起進行性活動就會產生性喚起。所以，很多情況下他們會鼓勵女性進行性接觸。

10. 男性害怕他們自己所具有的對同性性行為做出反應的能力，但是女性中卻較少這樣，所以許多男性在懲罰男性的同性性行為時，遠遠比懲罰女性的嚴厲。

11. 我們的社會組織特別擔心成年人和青少年發生性關係，但是這主要發生在男性當中，我們很少見到年長女性和少女的同性性行為。

社會的基本興趣

如果女性的同性性行為影響到她的結婚或婚姻維繫，社會就會對此非常感興趣。但是我們的任何一條法律都沒有規定要懲罰無法處於婚姻之中的人。

只要沒有暴力，不擾亂婚姻，許多歐洲人和美國人顯然都非常寬容女性的同性性行為；但是，他們仍認為這是一個道德問題。

第十章

和動物的性接觸

　　女性的性行為和很多因素有關係，例如：她們這些年努力爭取到的社會地位及男女不同的性心理等，但是想要弄明白她們的性反應和性行為，就要先搞清楚接受刺激並做出反應的器官的生理解剖構造。

為什麼會引人注意？

或許很多人都認為，男人對那些即使不可能發生的，甚至是假想的性行為方式也很感興趣。因此，大量的話題和文學作品都在討論亂倫、姦屍、易裝癖、極端的戀物癖、施虐—受虐狂，甚至和動物的性接觸等。然而事實是否真的如此呢？據我們調查，這種情況絕對比我們所認為的少。

從原始社會開始，男人就編造出無數的故事，對女人如何和動物發生性關係進行誇張地描述。在羅馬和古希臘神話中，女性的性伴侶就很多，例如：宙斯變成的鵝、熊、狼、蛇、馬、猴子、公牛、山羊、鱷魚，還有很多低等生物等等。很多世界著名的偉大文學作品和美術作品都對這種事情進行描繪過。

男人對性表現出來的這些豐富的想像力，正好反映他們自己想有更多樣化的性活動，或者說他們一想到女人和動物性交合就會引發性喚起，這就表示男人具有透過多樣化心理刺激來引發性喚起的能力。

事實上，女人很少依賴心理刺激，並不對那些不能馬上使用性技巧的性活動感興趣，也沒有嚮往文藝作品中所描繪的那些假想的性花樣，她們並沒有像男人想像的那樣和動物發生性接觸。我們調查的結果，也正符合這個情況：和動物性接觸更多的是男人，觀看女人（尤其妓女）和動物性接觸更多的還是男人。

心理學和精神病學經常認為不同的性行為之間具有本質的區別，並且

特別關注施虐—受虐和姦屍行為。其實在許多男女中,它們都是很普遍、很重要的活動。

在《男性性行為》一書中,我們說過:和世界上其他地方一樣,在美國鄉村地區的年輕男人,有一半或更多的人和動物發生過性接觸,並且還有約17%的人由此達到過性高潮。

為什麼只有人類動物才這樣做,而不同物種的昆蟲、鳥類和任何其他的哺乳動物都沒有這麼做呢?我們沒有足夠的知識來解答這個問題。關鍵在於為什麼它們不經常地、有規律地進行跨物種的性交合,而不是為什麼不同物種的個體沒有相互性吸引。

可能因為看到動物之間的性交合,鄉村小夥子才開始嘗試和動物性交合,以此確證自己的解剖構造功能和生理能力。也可能是因為,相比於那些城市男性,鄉村男性更自由地談論性問題,也會更經常地看到別的男孩和動物性交合,他也可能聽到成年男性談論這種行為,所以他這樣做也較少受到譴責或處罰。

但是在女性中所有這些因素都相當少,她們小時候不能像男孩那樣自由地談論性問題,她們很少見到雌性動物的性活動,更不用說見到別的女孩的性活動。我們調查發現,看到動物交合時,會出現性喚起的女性約有16%,但是男性中這個比例正好是女性的2倍,即高達32%。許多在鄉村長大的女性,由於她們的父母一直不讓她們接近正在哺乳的動物,所以她們甚至從來沒有見過動物交合。甚至相當多的一些鄉村女性,即使到青春期以後都還不知道任何關於動物性交合的事情。

不同的情況和技巧的使用

青春期之前

　　這個階段的女孩，和動物真正發生性關係的幾率僅是1.5%，通常是由和自己家養的小貓、小狗偶然地發生肉體接觸而引起的，或者是由於動物主動接近自己而引起的，也可能是因為探究動物的生理解剖構造而引發的。所有這些接觸過動物的前青春期女孩，真的和動物產生性行為的人有38%，由此達到性高潮的人有20%，但只有1.7%的人的首次性高潮是由此產生的。

　　在我們調查的5940名女性中，曾讓狗用口刺激自己生殖器的有23人，讓狗和自己插入式性交合的有2人，讓貓用口刺激自己的生殖器的有6人。在89名前青春期和動物有過性行為的女性中，大部分也只是一般的肉體接觸，對動物進行用手摩擦生殖器的刺激。

成年女性中

　　青春期開始之後，和動物有過性行為的女性約有3.6%，由此產生過性喚起的人約有3.0%；和動物進行過生殖器接觸、口和生殖器接觸或插入式性交合的女性有1.2%。此外，在自我刺激過程中幻想與動物性交合的女性有1%，還有1%的人曾經做過這樣的性夢。

　　這樣的事情有一半發生在從青春期開始到21歲，但調查顯示，有95位

年齡更大的女性也做過這樣的嘗試，其中年齡最大的將近50歲。有一點可能出人意料，那就是進行這樣性嘗試的女性中，81%受過高等教育，當然這種情況並不能說明什麼，很可能是我們採樣不均造成的。

幾乎所有的行為都是和家養的貓、狗發生的，和狗進行的女性有74%。有些情況只是女性觸摸動物的生殖器；有些是用手摩擦動物的生殖器；動物用口刺激女性生殖器的情況有21%；但是也有1名成年女性和動物進行插入式性交合。

在5793名女性中，透過動物用口刺激自己的生殖器而達到性高潮的人只有25名。有過這樣經歷的女性中，約有一半的人只有過1次性高潮。在91位和動物有過進一步性行為的女性中，有過2次或2次以上性高潮的人有47%，有過6次以上的人有23%。在5793名女性中，透過這達到過3次以上性高潮的人只有13位；達到125次以上的有6人；達到大約900次的也有1人。

作用和意義

古代戒律和法律也經常會提到並且懲罰男性和動物的性行為，但是提及懲罰女性的卻只有兩處。一處是《聖經》，其中規定，如果發現女性和動物發生性活動，女人和動物都必須處以死刑；還有一處是猶太教法典，其中提到的較多，也是處以死刑的懲罰。不過其中還進一步規定，女人不能單獨和一隻動物在一起，以防這樣的事情發生。

天主教認為生殖是性唯一的功能。從這個角度上看，無論是男人還是女人，和動物發生性行為就是違反天性的，它不是以生殖為目的的，所以是罪惡的欲念，是一種變態行為。所以，天主教對男女的處罰是一樣的，觸摸動物的生殖器是犯罪，以尋樂為目的的去觸摸則是死罪。

美國各種法律懲罰這種行為的方式和懲罰同性性行為一樣，並且稱之為「獸行」或「所多瑪式」性行為，有時也使用習慣法。法律條文有的不特別指明具體針對什麼性別，有的則專門指出是既針對男人又針對女人。在當代美國，我們的調查中沒有發現一個女人因此而被起訴；也只有1例公開出版的法庭記錄。不過在中世紀歷史上，因此被處死的女人還是有一些的。

第十一章

性反應和性高潮的器官

　　由於生殖器是做出性反應的主要器官，我們首先討論的是男女兩性生殖器的構造和功能。但我們絕不忽視社會與心理因素，也絕不否認愛情的因素，以及大腦和中樞神經的作用。

　　我們的資料主要來自於以下6個方面：

　　1.被調查者對自己的性反應做出的較客觀的描述和分析。

　　2.臨床醫生發表及未發表的資料。

　　3.對於男女生殖器和性反應部位的解剖學資料和實驗資料。

　　4.對動物和人進行生理檢測的資料。

　　5.我們引用一些專業人員曾經在現場觀察別人的性行為而做的記錄。

　　6.我們對動物性行為做了大量觀察和記錄，在調查現場拍攝大量短片。

　　我們都明白，如果有一個觀察者在場，投入性行為的雙方都沒辦法進行正常的性行為。並且由於有性喚起時，人的視覺、聽覺、嗅覺、味覺和感知任何其他事物的能力都會有一定程度的降低，當達到性高潮時，人的意識

甚至會完全喪失，所以當事者的回憶也不能完全反映事實。所以，我們的資料中，並沒有很多第一手的較為客觀準確的觀察和實驗資料。不過，性高潮不只是生殖器的反應，而是全身每個部位都會發生反應，這是一個不爭的事實。很多人總喜歡帶著文學化和藝術化的色彩來描述性行為，但是卻很少真正的知道自己或對方到底發生怎樣的生理反應。

值得說明的是，我們引用的現場觀察的資料，是由那些受過嚴格科學訓練的專門研究人員記錄的。並且在分析時，我們和一切有關學科的專家都相互探討過。所以，我們下面所陳述的內容有著可信的依據，但是如果真想弄清楚這個問題，還需要更多的資料和實驗來解釋它。

刺激16種觸覺感觸器官

據我們所知，皮膚和體內某些深層神經可以讓人感覺到被觸摸並且因此產生性反應，一般稱這些感受器官非常集中的身體部位是「敏感區」。男女的親暱愛撫，就是對這些「敏感區」進行刺激。不過仍然有許多人認為只有外生殖器才是「性器官」，仍然固執且愚昧地認為只有直接刺激外生殖器才可以達到性高潮。但是事實情況不是這樣的，下面我們將對這16種觸覺感觸器官進行詳細分析：

陰莖

在分析性反應時，一定要明確這樣一個觀點，即男女的外生殖器實際上是構造相同且相互對應的。兩個月大的胎兒只有胚胎式外生殖器，沒辦法根據這個來判斷是男孩還是女孩，後來才分別發育為男性的陰莖和女性的陰蒂。

人們普遍認為，男性最敏感的部位是龜頭和尿道口下裂之下的陰莖表面（也就是包皮繫帶之下的部位）。但是事實上，當陰莖插入陰道時，受到刺激最強的感受神經是從尿道口一直到陰莖柱海綿體之間的部分，而不是分布在尿道口和包皮繫帶之間的部分。所以陰莖柱的深層神經應該是受刺激最強烈的，而不是龜頭或包皮繫帶的那個區域。

但是另一方面，陰莖的勃起確實能引起性刺激。一般都認為，形成勃

起是因為性刺激讓陰莖海綿體充血，但是勃起過程中的機械反應也可以引發或帶來性刺激。並且，除了意識上的刺激之外，單純的機械刺激，例如按壓陰莖柱上部，也可以刺激深層神經進而產生勃起。

這裡要指出一個常見錯誤觀念，那就是人們經常對直接刺激陰莖的效果過分誇大。無論男女都認為陰莖是最重要的性反應器官，都認為對它的直接刺激和男性是否產生性喚起有緊密的關聯。這種觀點也讓人特別容易忽略性行為中其他身體部位的反應。人們還經常認為，性活動中，面對陰莖越粗大的男性，女方就會越快、越經常地發生性反應。事實上，男女之間基本的性心理差異和陰莖的大小之間沒有必然的關係。很多哺乳動物中，雖然雌性的陰蒂和雄性的陰莖一樣大，但是並沒有因此而減小兩性之間根本的性心理差異。

陰蒂

上面提到陰蒂的構造和功能與男性的陰莖是一樣的，所以可以說陰蒂就是「女性的陰莖」。陰蒂的平均長度是一英寸多一點，但是很多女性的陰蒂完全被外面的陰蒂包皮覆蓋了，使得人們無法直接看到陰蒂。正是因為陰蒂小並且不容易看到，很多男性不知道它和男性的陰莖一樣，都是性行為中最重要的刺激和反應中心。

但是很多女性在自我刺激時，陰蒂是很重要的一個部分，她們會用一個或幾個手指甚至整隻手來直接刺激陰蒂，還有一些人是刺激小陰唇的內面，當然，過程中也會經常觸及到陰蒂。還有許多女性選擇有節奏地按壓這些部位來刺激陰蒂。即使那些用替代物品直接插入陰道的女性，也是因為這樣做的時候可以刺激處於陰道前壁的陰蒂根部。如果沒有充分地刺激

陰蒂，很多女性就無法達到最大限度的性喚起。所以，女性自身卻清醒地或無意識地認為陰蒂是自己性喚起的重要部位。

通常女性同性性行為也會主要刺激陰蒂，儘管也還有其他的刺激技巧。和那些進行異性性行為的男女相比，進行同性性行為的女性其實更瞭解自己生殖器的功能。實際生活中，透過刺激身體的其他部位達到性高潮的女性確實比男性多，但是女性生理構造中最敏感的部位仍然是陰蒂、小陰脣及陰脣和陰道前庭的結合部。

知道女性這些生理構造的男性，一般都會在正式性交合之前的親暱愛撫中對這些部位，進行撫摸、摩擦或進行其他方式刺激，特別是陰蒂。在性交合中，他知道要用自己的陰毛、陰莖根部或身體的其他部位，去故意地刺激女方的陰蒂。對女性生殖器的口刺激，最經常的也是直接針對陰蒂和小陰脣。

尿道口和尿道

也有一些女性和男性，他們透過把異物插入尿道口的方式來進行自我刺激。插入尿道可以刺激到女性尿道口上面的感受神經，或者男性陰莖柱內部的感受神經。經常這樣做的人說，他們可以獲得一些性刺激，但是也有疼痛；有時候獲得的只是心理刺激。但是因為尿道不習慣被這樣插入，所以很多這樣做的人只是嘗試一次就停止這種行為。這種自我刺激時把物品插入尿道的行為，女性比男性多。

小陰脣

女性的小陰脣和男性陰莖柱的表皮相對應。分布在小陰脣內面和外面的感受神經比女性體表皮膚的任何其他部位都要多，所以它對觸覺的感受

能力也強於其他任何部位的皮膚。

小陰脣和陰蒂同樣重要，都是性喚起的「搖籃」。因此女性在自我刺激時，小陰脣也是一個重要部位。具體手法是是用手指敲擊它，通常也會一起敲擊陰蒂和小陰脣的上結合部；雙股緊緊夾在一起時的敲擊更有效果，因為夾緊雙腿可以讓陰脣得到更多的壓力刺激；有時候不敲擊，所做的只是緊緊地夾緊雙股或讓雙腿夾緊；有節奏地扯動小陰脣也很有效果，當然過程中也要經常施加摩擦刺激；性交合中陰莖插入陰道的時候，也能充分地刺激小陰脣。所有這些技巧的重要作用，都是為了產生肌肉緊繃，因為這是產生性反應的第一因素。

大陰脣和陰囊

女性的大陰脣和男性的陰囊表皮都是來自於胚胎中生殖器兩旁的兩個隆起，因此在生理解剖構造上，它們是相對應的。

一般來說，大陰脣對性刺激不會特別敏感，它不是性反應的主要來源，但是它也有很敏感的觸覺，不過對觸摸刺激敏感並不完全相當於具有性反應能力，例如：手背、雙肩。

男性的陰囊和體表其他皮膚基本沒有區別，也沒有特別的性反應能力。雖然有很少的男性在刺激或手摩睪丸時能產生性喚起或達到性高潮，但是事實上這不是因為刺激了陰囊表皮。

陰道前庭

陰道前庭是小陰脣環繞的、陰道開口外面的區域。對大部分女性來說，陰道前庭的地位不下於小陰脣、陰蒂，它們都是重要的性刺激感受區。由於必須是在性交合中透過男性陰莖的插入才能刺激到這裡，所以陰

道前庭對女性有區別與一般性刺激感受區的意義。

處女膜環繞在陰道前庭的最裡面。處女膜是陰道和陰道前庭的分界線，它可以因為任何物品的插入而被破壞，包括自己的手指，做例行的婚前檢查時也可能被醫生破壞，但是有些人的處女膜也可以在有過大量性交合之後依然保持完好無損。我們還不清楚，處女膜是否完好對分布在其上或其下的神經有著什麼樣的影響。

陰道剛進口處環繞著一圈強力的提肌。當受到壓力刺激時，提肌可以放鬆，很多女性都可以透過這樣的辦法產生性喚起。

陰道內

男性並沒有和陰道對應的構造。把陰道當作觸覺的感受器官可能不是很恰當，大部分女性的陰道內壁缺少觸覺感受器官，於是我們發現即使對其進行輕輕敲擊或按壓也很少有人會產生感覺。大多數人的整個陰道都是這樣的情況，除了特別靠近陰道開口的地方才會有一點反應。然而有些人的陰道內壁有一些神經點。進行陰道外科手術時，大部分病人或根本不疼或稍微有點疼。個體間的差異非常大，所以最好還是使用定量的麻醉劑。

還有一個現象可以作為它的輔助證明，透過深深插入陰道來進行我刺激的女性相對數量比較少。之所以採用這種方法，其中一部分人是透過這種辦法來加強對陰道口提肌的壓力刺激，而另一部分人則是刺激陰道內壁上和陰蒂根部相對應的地方，所以她們並沒有繼續更深地插入。

此外，在大部分女性的同性性行為中，雙方都沒有想要深深地插入陰道。這種現象也再次說明，有同性性行為的女性通常比男性更瞭解自己生殖器的解剖構造。

不過，很多女性都有這樣的看法：在性交合中，陰莖深深地插入陰道和只是刺激陰脣和陰蒂所帶來的滿足感是不一樣的。很明顯，這是由於陰道壁本身以外的原因。肛門性交和這種情況很像。肛門和陰道開口處一樣，都有很多感受神經，但是直腸則是和陰道一樣，感受神經比較少。然而，無論男女，能接受這種性交合的人們經常說，深深插入肛門所產生的滿足，在很多方面其實並不比深深插入陰道所獲得的差。

　　深深地插入陰道所帶來的滿足，大致涉及到下面6個原因，只不過有時候多一些，有時候少一些。

　　1. 知道插入，並且是深深地插入，會給人們帶來心理上的滿足，一個非常重要的心理因素是知道對方感到滿足。

　　2. 對方對自己的全身性撫摸刺激也可以帶來一定程度的滿足，特別是他的體重可以壓迫不同的體內器官，產生一種「衍生感覺」，這一點經常被錯誤地理解為是深深地插入陰道的原因。

　　3. 對分布在會陰肌肉組織（骨盆懸帶）上的神經的刺激有誤解，這些神經分布在直腸和陰道之間。

　　4. 人們錯誤的認為深深的插入可以導致陰莖或男性身體對小陰脣、陰蒂和陰道前庭的按壓。其實只是這樣做而不插入，也可以使大部分女性達到性高潮。

　　5. 性交合中對陰道開口處提肌圈的刺激，也會引起反射式抽搐，具有強烈的性刺激；但是也經常被錯誤地認為是深深插入的結果。

　　6. 只有14％的女性是因為直接對陰道內壁上的感受器官進行刺激。即使是這樣的女性，也不是只因為刺激到了這些地方。對於任何女性來說，陰道都不是唯一的性喚起發源地，也不是主要的發源地。

佛洛伊德及其精神分析學派和許多臨床醫生，都認為女性「性成熟」的象徵是「陰道高潮」。他們所謂的「陰道高潮」，可能是指在性高潮中間或以後，陰道的收縮或抽搐。我們的調查結果顯示並不是這樣的，出現性反應或性高潮時，全身的神經系統——而不是只有陰道——都會發生相應程度的反應。而且個體間的差異也特別大，並且終生不會改變，這也許是遺傳而來的能力，不是可以後天學習或改變的。有的女性達到性高潮時，全身都會痙攣，那麼她們的陰道也會出現收縮和抽搐。還有一些女性並不出現全身都有反應，所以陰道也沒有抽搐。這裡並不存在「成熟」與否的問題，也沒辦法把全身反應和陰道反應分隔開來。很多精神分析醫生和婚姻顧問，都在指導人們從「陰蒂反應」向「陰道反應」轉變，結果在調查中我們發現數百名女性（還有很多門診的若干求醫者），都因為實現不了轉變而萬分苦惱，但是實際上，這種轉變在生物學上是不可能發生的。我們現在仍然很難回答：陰道有無反應和男女雙方獲得心理滿足或意識滿足是否有必然的關聯。

子宮頸

子宮頸是女性生殖器構造中最沒有感覺能力的地方，在動手術的時候都不需要麻藥，只有深切時才會有疼痛感。然而，現實生活中，很多女性認為，在性交合中，當陰莖抵到子宮頸時，她們會產生感覺。還有些人說，即使連婦科醫生觸到這個地方時她們都會產生感覺。其實這可能是因為觸及外生殖器表面而產生的反應，並不是她們所認為的那樣。

會陰

無論男女，這個部位對外界的刺激都特別敏感，可以產生性喚起。對

男人來說，如果對肛門和陰囊之間的中間點進行按壓，很多男人都會很快地出現性喚起。對女人來說，如果強烈地按壓陰道內部的下壁，即和會陰中點相對應的陰道壁，她也可以得到滿足。女性在男上位的插入式性交合中所感到的滿足就是這樣產生的，深深插入直腸也是因為刺激到這個地方的會陰神經，進而引發性喚起。

肛門

對一些人來說，肛門區域也有性反應的能力，但是這並不具有代表性，因為另外一些人對這個地方的觸摸刺激會產生一定的反應，但卻不足以引發性喚起，即使給予再多的刺激也是徒勞無功。大約有一半甚至更多的人，可以透過刺激肛門而得到和刺激生殖器一樣的某些性滿足，甚至可以更強烈，並且無論男女都有這種情況。其中部分是因為肛門表面的觸覺感受器官非常豐富；部分則是因為肛門括約肌對性刺激具有反應能力，有些人透過刺激肛門進而產生心理上的性喚起，有些人卻完全否定進行肛門性交的想法，因而無法獲得滿足，所以心理因素對這種行為是否具有性的意義和作用產生很大的影響。而且一般來說，男女都是這種情況。

一般來說，插入肛門會引起疼痛，但是有些人卻覺得這樣做可以進一步激發性反應。關於這一點，我們目前還缺少可以給予具體證明的資料和

肛門和生殖器區域所分布的肌肉是完全相同的，不僅如此，一個區域的活動還可以引發另一個區域的反應。而且無論男女，刺激生殖器都會引起肛門收縮。婦科醫生經常會看到這種現象，即見刺激陰蒂或其周圍或尿道時，往往會引起肛門、處女膜部位、陰道和會陰肌肉的收縮。肛門作為性反應中的肌肉律動，尤其是性高潮之後的律動，它可以有節奏地一張一

合，某些後式的插入肛門和肛門性交就是靠這種律動才產生性反應。

反過來說也是一樣的，無論是不是因為性刺激引發肛門括約肌的收縮，對於男人來說，都可以帶來生殖器區域的肌肉收縮.；對於女人來說，都可以引起生殖器部位的運動，此外還會引發全身的肌肉收縮，甚至包括離肛門很遠的喉頭和鼻子，它可以讓人不自覺地張開鼻孔做深呼吸，這明顯是性喚起的典型表現。當醫生很難讓病人從麻醉中蘇醒，他可能會五指捏攏對病人的肛門進行刺激，這樣來使病人做深呼吸。

很明顯，肛門收縮、會陰反應、生殖器反應、鼻反應和口腔反應，這幾者之間肯定有某種單純的和直接的反射作用機制，只是我們現在還搞不懂這種關聯的神經基礎。

乳房

無論男女，其乳房的性反應能力都比身上許多其他部位強，但是大家更瞭解女性乳房的反應，可能只是因為女人的乳房較大。哺乳動物的乳房在性活動中很少發揮作用，但是人類動物卻大量地用口或手刺激乳房。在美國人的性行為模式中，在異性親暱或性交合前的愛撫中，99％的男人用手，93％的男人用口去刺激女性的乳房。其實這種行為的目的不是刺激女性性喚起，而主要是刺激男性，我們可能過高的估計了這對女性的作用。

大約有一半的女人在自己的乳房被手摩刺激時，可以得到某種程度的性滿足，但是只有非常少的女人可以因此達到性高潮。有些女性在進行自我刺激、性交合或同性性行為的過程中，確實會有抓握自己乳房的行為，這說明她們有一定的滿足，但是在自我刺激中只有11％的女性用這種辦法來作為達到高潮的輔助手段。

因為男性的乳房很小，所以人們很少瞭解到它的作用，即使是女性也很少對男伴的乳房進行刺激，但是在男性同性性行為中這卻比較常見。我們對男性同性性行為的調查說明：男性中乳房具有明顯感覺和反應的人數，甚至和同樣反應的女性一樣多，還有少數男性可以因為刺激乳房而達到性高潮。

口腔

對於大多數人來說，脣、舌及整個口腔內壁構成一個性敏感區，它和生殖器的作用差不多同等重要。大部分的男女，在放鬆狀態下時接受接舌吻、口和乳房接觸、口和生殖器接觸時都可以產生很強烈的性反應。之所以會如此，當然是因為整個口腔區域的神經非常豐富。許多其他動物也是這樣的情況，它們也會把口放在性夥伴的某些身體部位上，鳥類的口和口接觸可以長達數小時。人類在性生活中的口活動，只不過是繼承了其哺乳動物祖先的遺傳而已。但是人類又是一種特殊的哺乳動物，他們可以因為瞭解到社會偏見、道德約束和一些關於聖潔的荒謬想法而戒除口腔性活動。動物的口腔性活動包括觸、吮、舐和咬，甚至咬進對方的皮肉。動物的鼻尖和嘴脣一樣敏感，所以牠們經常用鼻尖觸遍對方的全身。在人類動物的性活動中，所有這一切行為也一樣出現。前面我們已經詳細講過，這裡不再贅述。

耳

至少有些人的耳朵外沿和內面特別敏感。在性喚起時，他們的耳垂會充血並變得更加敏感。極少數的女人和男人甚至會因為耳朵受到刺激而達到性高潮。

大腿

大腿內側，特別是大腿內側的中間平分線區域，神經也很豐富，對這個地方的任何觸及都可以幫助產生性喚起。雙腿夾緊或絞扭在一起會產生性刺激，而雙腿極大地分開同樣也會產生性刺激。這些明顯的動作都是大多數性交合、自我刺激或其他性活動中顯著的特徵。這些動作也可以造成全身神經的緊張。

臀

刺激或重壓臀部，可以讓臀肌產生強烈反應，但是這種情況並不常見。臀肌的收縮反映性喚起中神經和肌肉緊繃的增加。無論男女，都有一些人刻意收縮自己的臀肌，進而使自己產生性反應。在性交合中，骨盆有節奏地撞擊就是靠收縮臀肌和脊椎肌肉來驅動的。

體表其他部位

有些人的體表其他部位，可以和上述任何部位一樣，產生強烈有效的性反應。透過觸摸刺激腳趾、掌心、腳心、整個陰部、手指尖、整個腹部、肚臍、腹股溝、腰背的中線、腋窩、喉頭、後頸等部位都可以引起性反應。甚至那些沒有感覺、不能活動的構造，例如牙齒和頭髮，在某些動作刺激了其根部的感覺神經後也可以產生性反應。在調查中我們遇到一些女性因為敲擊眉毛而達到性高潮；有一些則是因為頭髮輕輕掠過自己身體的某些部位；還有一些則只是因為按壓牙齒——這就解釋了部分人為什麼喜歡在性活動中咬對方。在其他心理刺激伴隨的情況下，這樣的動作最為有效，偶爾還可以使當事人更快地達到性高潮。

在調查中，有5位婦科醫生與我們合作，她們對將近900名女性各部位

的感受能力做過測試。我們這裡將調查情況列成表以方便比較，如果您回過頭來把表中的精確資料和前面的文字敘述對照一下，一定會更深刻的瞭解本章所討論的問題。

女性生殖器對觸摸和按壓所做出的反應

觸摸刺激有性反應的：	有反應的（％）	實驗總人數
觸摸小陰脣		
右邊的	92	854
左邊的	97	854
陰蒂	98	879
大陰脣		
右外面	97	879
右內面	98	879
左外面	95	879
左內面	96	879
陰道前庭		
前部表面	92	650
後部表面	96	879
右壁	98	879
左壁	98	879
陰道		
前壁	11	578
後壁	13	578
左壁	14	578
右壁	14	578
子宮頸	5	878
按壓刺激有性反應的：	有反應的（％）	實驗總人數
陰道		
前壁	89	878
後壁	93	878
子宮頸	84	878

刺激其他感受器官

很多人認為，他們可以透過視覺、嗅覺、味覺得到性刺激。我們現在能確定的是：這些刺激主要引起的是一種心理過程，而這些刺激和觸覺刺激的作用途徑不同，效果也不盡相同。一個人可以在進入某個房間時、看到一張床時，甚至看到山頂或日落時出現反應。總結一句話，只要是看到某些能和自己以前的性經歷聯繫起來的事物——哪怕是服裝或其他物品——就會產生性喚起。這個反應絕大多數是因為他們回憶起了過去的經歷，或者處於清醒的狀態，或者是無意識地。也正是因為這種原因，一個人在吃到某種特殊的食物時，嗅到特殊氣味時，聽到鳥叫、某個詞、鐘聲、某種噪音、音樂旋律或其他什麼聲音時，也都可以產生性喚起。可惜我們沒有足夠的資料和資料對這些方面進行深入的研究。

不過，這一切都極好的證明心理學習和心理制約，但沒有一種是和觸覺刺激相同的直接機械刺激。不可否認的是，在性研究中應該注意到心理因素和意識因素的巨大作用。

男女情況的比較

　　關於男女的性解剖構造及刺激這些構造得到的效果究竟有沒有區別，我們有以下幾點結論：

　　1. 無論男女，性反應產生的生理基礎都是觸覺感受器官，兩性的這些器官沒有不同之處，想當然地認為一個性別的這些器官比另一個性別的器官在整體上更豐富一些是不正確的。男女對刺激這些器官做出反應的能力，也沒有什麼本質區別。

　　2. 女性和男性的外生殖器都源於一樣的基本胚胎構造，並且發揮的功能也非常相似。看上去較大的陰莖和體積小很多的陰蒂所包含的感覺神經沒有很大差別。在性喚起中，雙方的構造都有同樣的意義。陰莖比陰蒂大的結果，只是讓外來刺激更直接針對它，還有就是陰莖的較大尺寸對於男性來說具有較強的心理暗示作用和意義，但也只是部分的原因。

　　3. 大陰脣和陰道前庭與男性對應的構造相比，有更廣泛的感覺區域。這基本上抵消甚至超越了陰莖較大所帶來的好處。

　　4. 男女兩性在性交合中總是扮演不同的角色，這可能與男性有較大的陰莖、女性生殖器有較多的內構造這些特點有很大關聯。女性在接受中獲得心理滿足，男性在插入中獲得心理滿足，但是我們還不清楚是否因為這樣在性活動中男性就變得更有攻擊性，女性就變得更有被動性。攻擊性的強弱顯然是由生殖器解剖構造之外的因素所決定的。

5. 女性的陰道與男性的任何功能構造都沒有相似性，但從性反應的角度來看，陰道對女性的作用其實很小，它所產生的性喚起作用，更多地是針對男性而不是女性。

6. 會陰部都是非常重要的刺激感受區，這一點對男女來說，都是相同的。對男性來說，透過對會陰和直腸的外表皮施加壓力可以刺激會陰肌上分布著的神經。對女性來說，同樣可以透過深深插入陰道來刺激這些敏感的神經。

7. 因為女性乳房大於男性，乳房對女性的意義也大於對男性的意義。但乳房作為一種性刺激的來源，對男性比對女性更為重要。因為大部分男性看到女性的乳房就會引發性喚起，而事實上大部分女性被觸摸乳房時並沒有產生強烈性喚起。

8. 口腔是人類軀體中最重要的性敏感區之一。無論男女，口腔的感受能力都是一樣的。

9. 觸摸刺激臀部和大腿內側會引起性反應，這一點無論男女都一樣。

10. 只要條件合適，無論男女，身體表面其他一切能對觸覺刺激產生反應的部位，也都能發揮功能。

11. 根據經驗，在視覺、嗅覺、味覺和聽覺方面，男女對此直接做出的反應沒有什麼差異。

總之，如果說男女之間有什麼基本的差異，這些差異必定源自生理和心理的其他方面，而不是因為雙方外生殖器及所有感受器官的不同。作為性反應和性高潮基礎的解剖構造，在男女之間幾乎沒有什麼不同。男女的差異和兩性的不同生殖功能有關係，但是這對兩性性反應和性高潮的出現與發展，也沒有很重要的作用。

性高潮不只是生殖器的反應，而是全身每個部位都會發生反應，這是一個不爭的事實。很多人總喜歡帶著文學化和藝術化的色彩來描述性行為，但是卻很少真正的知道自己或對方到底發生怎樣的生理反應。

第十二章

性反應和性高潮的生理機制

　　在整個的人類性行為過程中，性反應都是持續進行的，這包含許多生理變化，例如：心率、血壓、呼吸節奏、血液循環、內分泌狀況，還有意識能力和肌肉活動的變化。這一切變化發展到極限時，最輕微的性反應者幅度有限的身體動作，即使人們並沒有達到性高潮，這些生理變化也會依然發生。

　　不同的個體之間，性反應和性高潮的狀況差異非常大。引發性反應的最初刺激，可以是短促的、延續的或是間斷的。人的反應可能並不只由外來性刺激的性質和狀況決定，而由當事者的心理狀態與心理素質來決定的。任何兩個人的性反應都不一樣。但另一方面，身體運動作為性反應一部分，尤其是在性高潮之後的抽搐或痙攣，儘管可能有明顯甚至突出的差異，但是性反應的基本生理模式，在所有人之中都是相同的，甚至前人類的哺乳動物也是這樣。更重要的是，它在女人和男人之中也是基本一樣的。

　　性反應包含著人生理機能上的真實的和物質的變化，雖然很多文學作品中只是把它描述得富有詩意或富於浪漫色彩，或者只是簡單地描述它對道德和社會具有的重大意義。

性反應中的25類生理變化

對觸摸和按壓做出的反應

從單細胞生物到人類的新生嬰兒，都具有對觸摸做出反應的能力，這是生物（包括植物）最基本也是最顯著的特徵。

高等動物由於受到後天學習產生的經驗影響，可以對一些觸摸做出否定反應；又由於受到道德規範和社會習俗的影響，成年人在接觸到另一個肉體時會產生否定反應，然而這些都是後天形成的，不是生物或未受到教育的人的本能反應。夫妻之間的性行為和性格的不合，往往就是因為扭曲了對觸摸這個刺激的本能反應。

性反應實際上就是肌肉神經的緊張，是一種由於有節奏的觸摸或是較長時間的按壓，進而使一個人的反應能力提高的現象。

心率

性反應中最明顯的象徵是人的心率加快。它可能是由性引起的不可避免的附帶反應，只是由於儀器設備的局限，我們對此的實際研究很少，不然就可以很容易觀察與驗證。

在性高潮中人的心率可以達到150次/min以上，如同在做重體力勞動，雖然不同的人差別也很大，而平時人的心率為70－80次/min，可見性高潮引起的心率變快是很明顯的。在我們的調查中，有個男人在出現輕微的性

喚起時，他的心率也上升到150次/min以上（一般而言，心率只有達到這麼高才能達到性高潮），但他在心率不超過100次/min的時候，也同樣達到性高潮。

我們的調查結果發現，女性同男性一樣，也都清楚的知道自己是否產生性喚起和性反應，甚至是在何時何地產生的。當然，也確實有些年輕的或性經歷較少的女性，直到性喚起很明顯的時候才意識到這兩點。所以有人懷疑調查的這些女性是不是都能明白什麼是性喚起，是不是都能精確的說明自己的經歷也是很合情理的。為了進一步打消這種顧慮，我們在調查進行提問的時候也向她們詳細地描述了性喚起所引起的生理變化，所以只要一個智力正常的女性都能準確地說明。

血壓

性高潮會引起血壓的升高，低壓可以從65mmHg升到160mmHg，高壓可以從120mmHg升到250mmHg以上。

性交合或是其他性活動也會引起偏癱、心跳停止、死亡，一個醫生可能行醫一生也難遇見幾次這樣的情況，不過這樣的情況確實存在。

微血管充血

性反應中，由於對動脈的刺激，會使得全身的微血管充血。所以當人處於性高潮時，有些人的臉會突然變色，整個臉頰甚至咽喉部位都會變為深紅色或深紫色，甚至連生殖器區域也會變為深色。性行為中，微血管充血及肌肉神經的緊張，可能也是導致男女雙方的體表溫度升高的直接因素。有時候，即使冰冷的雙腳也會變得很暖和。所以，人們通常用發燒、燥熱，甚至發光、著火等詞語來形容這個反應。然而，由於設備的缺乏，

我們還沒證實性喚起與體表溫度之間是不是有必然的關聯。

愤怒、興奮等情緒反應都涉及副交感神經系統，可以產生微血管充血，所以在性反應中可能也是如此。不過性反應並不包括所有的情緒反應，例如人因為恐懼而產生的面如死灰和遍體冰涼在性反應中就很罕見。

腫脹

在性反應中，腫脹現象是很明顯的。人和動物如此，男性和女性也都是如此。性行為開始後，很多器官很快就會由於充血而腫脹、增大和變硬。例如：男性的陰莖會增大到原有狀態的1.5－2倍，女的陰蒂會增大並且勃起，小陰唇會腫脹並突出。男女的乳頭都會增大、變硬和勃起，只不過女性更為明顯；鼻孔也會增大並且使鼻孔張開。

上面的腫脹反應是相對比較明顯的，另外有些時候人的整個身體的輪廓部位也會出現變化，例如：耳垂會增大增厚，嘴唇充血，而且很多人的嘴唇會突出；整個乳房，會腫脹、增大並且更加突出，整個形狀會更加圓，當然也是女性的更為明顯；肛門部位也會腫脹，臂與腿的外形也會發生變化。當有意觸及女性陰蒂時，女性會出現全身腫脹，否則就不會。因此是否出現全身腫脹，可以作為判別女性是否性喚起的一個象徵。

一些男性的陰莖及一些女性的陰蒂和小陰唇在受刺激3秒或4秒內會很快勃起。一般而言，這種快速反應主要出現在那些年輕而富有朝氣的人群中，因為他們的性能力也最強。年齡較大的男女中也有一些仍保持著這種反應能力，但隨著年齡的增長，性能力也會逐漸下降，就沒有那麼快速的發生性反應。

呼吸

心率加快和血壓升高必然會導致呼吸加快。在剛開始產生性喚起的時候，呼吸會加快加深，但性高潮的時候，會發生間斷性喘息，即屏息片刻然後再重新開始呼吸。這期間鼻孔張開，口脣也會有相關動作，會發出嘶嘶的吸氣、呼氣的聲音或其他聲音。

缺氧

這種反應大多發生在性高潮到來前後，如同賽跑時的衝刺階段。所以真正達到性高潮的女人恐怕更像運動員衝刺的時候那樣齜牙咧嘴，甚至一幅怪相。那些無反應的妻子想滿足丈夫或妓女在討好嫖客的時候，總是想當然的在這個階段假裝達到性高潮，進而努力做出很興奮的樣子，因為她們就是以為女人性高潮時會流露出這種很快樂、很享受的樣子。

失血

我們有限的調查情況顯示：性喚起的時候，身體表面的傷口失血會大大減少。性高潮結束後，身體表面傷口的失血量又會增加至常態。即使生殖器部位的傷口及性虐待而造成的傷口也是如此，甚至女性正常的月經也會減少。

女性生殖器分泌液

在性喚起的時候，女性大前庭腺會分泌出相當透明、潤滑的與陰道分泌物不同的液體。這種分泌物不僅可以用來潤滑，還可以中和陰道的酸性，這樣就可以防止性交合中男性射出的精子被酸性殺死。這也是性喚起最顯著的象徵之一。當然那些年齡較大的女性，她們的大前庭腺功能衰

退，不能像年輕的時候那樣分泌液體。

性喚起時，子宮頸也會分泌出一些液體，這也是為什麼即使那些因為手術而導致大前庭腺被切除的女性，也能夠分泌液體來潤滑陰道。並且這種由子宮頸分泌的液體比人們想像的還要重要，我們的調查顯示，如果子宮頸被切除，僅僅大前庭腺分泌的液體還不足以潤滑陰道而進行性交。

調查的資料顯示，在女性處於最強烈的性反應之時，她陰道的分泌物也最多。所以，陰道分泌物的出現也可以當作是性喚起的重要象徵之一。

陰道分泌物和性反應的程度、生理狀態及月經週期都有關係，所以因人而異，同一個女性在不同的時間，分泌物的構成也不盡相同。在我們調查的女性中，59％的人都認為月經週期影響了陰道分泌物的多少。69％的人說在月經開始前的1到4天甚至更早，她們的陰道分泌物特別多。大約39％的人說，在月經結束之後，由性喚起引起的陰道分泌物就很少了，也有約30％的人說這發生在月經來潮之時，還有11％的人說這發生在月經週期的中間，即接近排卵之時。由於一些女性同時有兩種情況，所以這些資料相加超過了100％。

人類這個高級動物和其他的動物有一定的區別。我們知道，動物中的雌性在排卵之前就會進入發情期。在這段時間內，牠們才能夠和雄性進行性交合。人類女性在月經來潮前會有最強的性反應能力，並不是指在排卵前後的性喚起最多最強，這說明他們不是為了受孕或生殖。很多學者把人類中女性的功能與動物雌性進行等同，因而採用達爾文的適應與選擇理論，以致得出很多不合理的結論，這都是因為他們沒有注意到這個區別。事實上，一些女性正好是在每月的月經來潮前後自我刺激一次。所以我們認為，在這個方面，人類女性已經有了很大的進化，具有了自己全新的特

點，不再像她們的哺乳動物祖先那樣，單純的為了生殖。

男性生殖器分泌液

在性喚起的時候，男性的尿道口也會分泌一些液體，它最主要的成份是前列腺分泌液（精液中除了有精子外，主要也是這種液體）。它的狀態、構成及功能都和女性的大前庭腺分泌物幾乎相同。很多其他哺乳動物也有這種現象。相對而言，人類的這種反應並不發達。絕大部分的男性，尿道口的分泌液也僅僅是一滴而已。大約三分之一的人，這些液體足以潤濕龜頭；還有三分之一的人，這些液體少到不足以從尿道口溢出，尤其是年老者；只有很少的男性在性喚起的時候尿道口都會溢出相當多的分泌液。所以，男性尿道口的分泌物也可以作為性喚起的象徵，但是沒有也不能說明沒有性喚起。

許多人認為，性高潮的時候就是把睾丸中的精液射出。在性喚起的時候，睾丸的體積確實會增大，但精液是不是就來自睾丸？一些男性認為，如果不能射出那些精液，他們的睾丸就會有腫脹感甚至隱隱作痛。許多性愛文藝作品中都是這樣描述的，一些不專業的精神分析醫生也抱持這個觀點。實際上，這是錯誤的。精液由前列腺、儲精囊和尿道分泌腺的分泌液共同組成，也只有這三個腺體的分泌液才讓人有需要釋放的壓力。睾丸也會分泌一點液體，但量很少。如果性喚起持續時間特別長而達不到性高潮，造成會陰部的肌肉或輸精管的緊繃，尤其是靠近睾丸的輸精管下端的緊繃，可能會使人有睾丸隱隱作痛的感覺，但這不是睾丸本身在痛。同樣，性高潮的時候解除了那些肌肉的緊繃，這種疼痛自然就會消除，而不是釋放了睾丸的「壓力」。女性也會由於類似的原因感到隱隱作痛。

無論男女，如果性高潮長時間不能到來，或者不能性高潮而反覆進行性喚起，都會出現一定程度的骨盆區域充血。

鼻液和唾液的分泌

　　性喚起中，可能是因為鼻腔此時分泌了更多的液體，所以鼻部會產生腫脹感。此外，唾液的分泌也會增加，性高潮時更多。唾液的分泌不僅有助於雙方恣意的接吻，也有助於口對生殖器產生刺激，進而會分泌更多的液體，使人不得不很快地吞嚥。如果在性刺激很強烈、很突然的時候口正好張開，唾液可能噴出口很遠。在性高潮臨近時這種反應特別突出，這可能是由於此時咽喉肌肉的緊張持續增強而導致無法咽下嚥液造成的。

陰囊和睾丸

　　性喚起後，男性的睾丸會上提，加上陰囊壁收縮，使睾丸緊貼住陰莖柱，貼住會陰部表皮或縮入腹股溝。也有些男性，他們的睾丸腹股溝管沒有封閉，此時睾丸就會再次上升進入腹腔。

臀部和骨盆的動作

　　性行為中，人全身的肌肉神經會高度緊繃，從頭到腳都會產生持續的或有節律的動作。這些動作因人而異，同一個人在不同的時間動作也不同。有些人動作幅度比較小，甚至不為對方所注意；有些人也只是手臂動作；不過有些人此時會手舞足蹈，甚至做出粗暴行為，那些平時看起來很穩重的人也可能會如此。偶爾也會有人因緊張而出現動作失調，但一般人在性喚起之後都能行動自如。

　　持續的肌肉活動會使人的臀部和骨盆做出有節律的運動，這是性交合

的進行所必須的，這也是人類和其他哺乳動物所共有的基本性動作。一些知道運動自己臀部和骨盆的女性，在性交合、自我刺激、異性親暱或同性性行為時，就可以透過自己運動實現性喚起甚至性高潮。

雄性有節律的把陰莖插入陰道，有些時候雌性也有節律的運動自己的骨盆，哺乳動物大多是這樣進行性交合的。性交合主要依靠臀肌的收縮，收縮時臀的兩半併攏，全身的肌肉神經緊繃，所以有些人也依靠臀部來進行性喚起，然後進行性行為。臀部的運動可以刺激會陰部的神經和肛門的敏感區域，也可以使生殖器充血，連帶使得生殖器勃起，這些都有助於性喚起。所以有些男性可以不用刺激生殖器，僅靠臀部運動就達到性高潮。

大腿的動作

性交合中，由於臀部肌肉的運動，雙腿會緊緊併攏或大大張開。我們都知道，當把某個東西放在兩腿之間或雙腳交叉並且用力的時候，大腿就會自然而然的緊貼在一起，這樣對方在夾緊這個動作中就進一步產生肌肉緊繃，帶來強烈刺激，有助於性喚起或性高潮。如果一方位於另一方的雙腿之間，會感覺對方用強力夾著自己，並且對方也可以在夾緊中，產生肌肉緊繃，進而帶來強烈刺激。

臂與腿的動作

性活動中，臂與腿的動作是很常見的。例如，雙腿或胳膊可以高高舉起很長一段時間，或者靠肘與膝支撐很長時間。臂與腿的上半部分可以出現有規律運動，臨近高潮時這個動作會很明顯。性活動的男女雙方，可以用腿和臂做很多動作。

手與手指的動作

手和手指也可以像腳和腳趾那樣運動，會握成拳，張開或呈爪狀，會抓住身邊的床單，床罩或性伴侶的身體部位不放。緊張加劇的時候，手和手指甚至會出現痙攣，以至於抓破對方的肌膚或抓壞自己的指甲。

腹部肌肉運動

性喚起的時候，腹部的肌肉會有力的收縮，進而帶動整個身體。收縮的方式有很大區別，有些人是持續的繃緊狀態，有些人可能是痙攣或律動。一般人最後的抽動都會越來越快，一些人的腹肌運動可以快到人眼視覺間隔的極限，以至於無法分辨，這種情況可以出現在男女雙方性高潮時，或者性高潮前後。人和動物之間的性交合也會出現這種情況。不過也有變緩的情況。

胸部肌肉運動

胸部肌肉的運動可以使整個胸膛挺起，呈現出平時沒有的曲線，不過它沒有其他肌肉那樣持久。有的男性的胸膛此時會像女性的乳房，這也是促使女性的乳房在性喚起時增大和挺起的部分原因；自身原因也是一部分。

頸部肌肉運動

性喚起的時候，大多數人的頸部會感到僵硬，特別是性高潮來臨時，連頭都被「固定」了。有意思的是，那些沒有這些基本常識的人，會把此時的頸部疼痛誤以為是「風濕性疼痛」，並因此去看醫生。

面部肌肉運動

性高潮時，人的面容可能非常奇特，像遭受異常痛苦時所表現出來的一樣，這當然是面部肌肉的運動所導致的。人在性高潮時可能會有很大程度的面部緊繃，加上要張大嘴呼吸，所以造成這個「怪狀」。

眼部肌肉運動

許多人都說，自己的性伴侶在性高潮時會雙目直視，但好像又視而不見，因此經常引起很多誤解。其實這是因為他們的瞳孔固定住了，所以眼睛無法聚焦，如同盲人。此時多數人的眼睛是緊閉的，不過有些人的眼球則異常突出，閃閃發光，這可能是由於淚水的分泌增加所造成的。

腳和腳趾的動作

性過程中，雙腳和腳趾的動作也是很明顯的，至少800多年以來的日本性愛美術作品中，都把勾起的腳趾作為性反應的象徵之一。腳尖有時如同受過芭蕾舞訓練的演員那樣繃直伸展。大多數人的腳趾可以併攏或大張開，有些人的大腳趾會做出與其他併攏的腳趾完全相反方向的抽動。遍布世界各地的性愛藝術作品中，幾乎全部都有聲有色的描繪這個現象，不過人們這個當事者卻往往意識不到這些動作。有些人在性高潮後會突然跳起來，然後面目難過的揉自己的腿和腳，這可能是因為他們的腳趾或整個腳緊張到抽筋的程度，只不過在性高潮中他們沒有察覺罷了。

感知能力減弱

平常我們都認為，人的性喚起越強烈，對觸摸或其他感覺刺激也越敏感。但從我們的調查結果來看，人的感知能力在性刺激開始的時候就在

逐漸減弱，在性高潮的時候最弱，一些人在性高潮中會有幾秒甚至幾分鐘的完全喪失感知。法語稱這種現象為「甜蜜之死」，可見這種現象比較普遍。但是大多數人，包括那些受過高等教育的人，卻無法理解這種現象，下面我們做進一步討論。

在調查中我們遇到了一些妓女，她們的一些陳述啟發了我們，使得我們首次注意到這樣一種現象——許多妓女在性過程中會搶走嫖客的錢，因為她們發現，只要自己不在前面擋住嫖客，他就會呆呆地在房間裡遊蕩，對妓女的所作所為視而不見聽而不聞。所以她們就能接觸他，甚至搜他的全身，而他卻一點都不知道。當然，老於此道的妓女總是在嫖客處於最亢奮的時候出手。

之所以會出現這種情況，首先可能有心理因素，例如：嫖客一心想著性行為，沒有心思理會其他事情；但是也有些證據顯示，在性高潮的時候他們確實喪失了感知能力，當然兩者也可能同時發生。人在憤怒、恐懼或癲癇發作等時候，與性反應有相似的生理變化，所以也會有這種現象。我們常會聽見身邊的人說「瘋得什麼事都忘了」、「興奮得什麼聲音都聽不見」、「氣得連話都說不出來」。在文藝作品中，我們也常看到類似「愛情使人瘋狂，使人喪失理智」的句子，事實上，喪失的程度比他們所描述的還要厲害。

我們調查的結果顯示，人在這種狀態下，對外界的刺激可能毫無知覺。性行為中的雙方隨著性高潮的來臨也在不斷加大動作的速度和力度；達到性高潮時，雙方甚至會互相捶打、撕咬，然而他們卻感受不到疼痛，即使受到擊打或皮破血流等也可能毫無知覺。有些人甚至會在無意識中發展到施虐和受虐的地步。

在性過程中，生殖器也會逐漸喪失感覺，並且喪失的時間可能比身體其他部位還要久一些，這和平常我們所認為的正好相反。由於技術設備的限制，我們不能測定並證實它。在實際性行為的進行中，很多刺激都直接施加於生殖器，使它一直處於亢奮狀態，所以人們會把注意力集中到生殖器上，這樣就增加了性行為的雙方對這個器官的感知能力。

當然，在亢奮的極點，對生殖器一點點輕微的刺激都會促使性高潮的到來。這一點可以用一個比喻來解釋：雖然一滴水裝不滿一個杯子，但杯子快滿時，再多加一滴水就可以裝滿它。所以並不能斷言生殖器越來越敏感，只能說明此前的亢奮度已經夠高了。

性喚起的過程中，一切感覺都會逐漸減弱，不僅僅是觸覺，視覺也是如此。人的目光會逐漸集中，視野變小，只能看到眼睛正前方的東西。不過有些人甚至連在他面前的燈光都看不見。

人的聽覺也會逐漸喪失，小聲音一般都聽不見，只有在性喚起不夠強烈的時候妻子才可以聽見孩子的哭聲。正因為聽覺的喪失，有些人的性行為會被警察和偶然闖入者發現。還有部分人甚至連性夥伴或自己發出的聲音、嘶喊都聽不見。

嗅覺和味覺也會發生喪失的情況。調查的資料顯示：在性喚起不夠強烈的時候，女對男的口或生殖器刺激時，會感覺到精液和陰莖的氣味與味道，有時她們會覺得反感，但是亢奮到一定程度時，她就感覺不到了。

對溫度的感覺也會喪失。性喚起越來越強烈的時候，雙方會感覺不到彼此身體的溫度和此時的室溫。

事實上，性反應會引起很多身體反應，例如臂腿的有節律揮動。只不過人們很少理解自己在性行為中喪失感知能力，也就無法理解其生理變

化，或者也僅僅觀察到了對方的某些身體動作。透過調查那些截肢者發現，他們在性反應中也會感到自己並不存在的肢體出現「幻痛」，但是在性高潮時，也會喪失痛感，直到高潮結束才會恢復。

中樞神經系統

在性喚起的過程中甚至那些口吃者，在性行為的進行中也能順暢地說話。那些平時一有異物進入口腔就會嘔吐的人，此時也沒有那種反應，特別是那些性喚起達到一定程度的人，即使將整個陰莖吞入口中，也不會有那樣的反應了。在性喚起中，有花粉熱或其他一些過敏患者的症狀也會消失。這說明性喚起對整個中樞神經系統產生影響，也就是說，性活動中各種心理障礙都可能消失。

性喚起還能使人的肌肉系統放鬆，便於人動作行為的發生。一些行動笨拙的人，也能在性喚起的時候從事性交合，性過程結束後，這些行動能力也會隨之消失，這就說明這一點。

在性過程當中，大多數人可以獲得平時沒有的行為能力，他們還能做出許多高難度動作，例如：男性可能用自己的口去刺激自己的陰莖，這在平時是根本無法做到的。這是因為他們能擺脫那些平時束縛自己行為能力的東西，而不是因為獲得「額外的力氣」。也正是因為這個原因，其他男性在性活動中則會異常的強壯，甚至粗魯的折磨他的性夥伴。

性高潮的臨近

性高潮到來的時刻，就是性反應中的生理變化和平時狀態差距最大的時刻。當性反應隨著性活動的進行越來越強烈的時候，就會出現一個突然的躍變，產生一個比原始水準高很多的頂峰，然後性高潮隨之到來。那些年輕的男性會持續地登上這個頂峰，那些年齡較大的男性，時常需要經歷一個平緩的、較長時間的過渡，並且高潮來臨時沒有躍變期。但是無論男女，那些年齡較大的人卻正是透過間斷反應的方式來進行性活動的。這個時刻，我們可以透過以上提到的各種反應及動作情況加以判定。

臨床醫生很早就有研究顯示，嬰兒的反應模式很奇特。或許可以這樣認為：一個人的反應模式與他嬰兒時的生理特性有一定關係不過，也有很多證據顯示，一個人的反應模式與他後天的學習有關。例如，很多人可以控制他們的性喚起，進而延長性行為，或者以此尋求其中的有趣之處。經過對許多人長期的考察研究（其中有些人考察週期長達16年，有些人則是從青春期一直到20歲以後），我們發現：在大多數人的一生中，性反應的很多方面都是基本不變的，例如：對性刺激的反應速度、達到性喚起頂峰的速度、肌肉反應的形式、有無躍變期及高潮出現在哪種水準上等等。

從早期的梵文作品到今天的婚姻指導冊子，至少有4000多年的歷史，都在描述一些男性如何推遲自己性高潮的到來，以便女性與他同時達到性高潮的方法。我們調查的時候也發現，用一些方法有意識的控制心理刺激

確實可以延長性行為的時間或推遲性高潮的到來。例如，調節性接觸的頻率、控制呼吸頻率、避免持續的刺激、結束肌肉的持續緊張、避免性幻想等等都可以達到這個效果。但是許多人也潛意識的覺得，直接快速地達到性高潮更能滿足自己。

在梵文時代和古印度時代，有一種高度哲理化了的這種主觀控制技巧，即「有保留地性交合」，19世紀的時候，在紐約州的一個地區，人們普遍運用這種技巧，梵文中稱之為「卡里紮」（Karezza）。事實上，這種方法就是在性喚起的頂峰和性高潮馬上就要來臨時突然中止，然後重新開始，這樣反覆十到二十幾次，並非真正的達到性高潮。用過這種技巧的人說，每中止一次就能體驗到一次性高潮，男性卻可以一直不射精。他們就是靠著這種沒有「性高潮」來多次獲得性喚起或延長性活動。我們認為，這種「性高潮」只是性喚起的頂峰，並非我們前面說明的那種真正意義上的性交合。

反應速度

關於反應速度，人們普遍持有這種觀點：女性的性反應比男性慢，並且需要更多的性刺激才能達到性高潮。這種觀點也被很多臨床醫生認同並應用於醫療。

確實，在婚後性交合中，許多丈夫會比妻子早一些達到性高潮，有些妻子則很少在性交合中達到性高潮；還有許多男性在性行為剛開始的時候就射精了。這是不是就表示女性的性反應能力比男性弱？我們透過檢測女性在自我刺激中達到性高潮平均所需要的時間顯示，上面問題的答案是不正確的。首先即使在性交合中達不到性高潮的女性，如果進行自我刺激就

可以在一兩分鐘內達到性高潮。由於性交合的技巧或其他原因都可能導致女性性反應較慢，所以透過自我刺激來測定女性的真實性反應能力，比用性交合來測定要好，以下展示的調查結果可以更好的回答那個問題。

通常情況下，女性在性交合的時候經常會被中斷或中止，而進行自我刺激的時候都是直接達到性高潮的。例如，在性交合中可能需要10分鐘、20分鐘或更長時間來達到性高潮，而進行自我刺激時，女性平均不到4分鐘就會達到性高潮，男性平均2－4分鐘就達到性高潮。所以，單就達到性高潮的難易程度來說，並不能說明男性比女性慢多少。當然，也有許多女性在親暱愛撫或性交合的時候，在15～30秒內就達到性高潮；還有一些女性可以在間隔一兩分鐘甚至幾秒鐘內多次達到性高潮。但有這種反應的男性和女性都是很少數。

我們調查過2114名進行自我刺激達到性高潮的女性，在1－3分鐘內達到性高潮的佔大約45％；在4－5分鐘內達到性高潮的佔24％左右；在6－10分鐘內達到性高潮的約佔19％；超過10分鐘的只有12％。當然，每種情況都不排除一些人故意拖長時間以獲得更多的性快感。

女性在性交合中反應開始的時間晚於男性，這也是女性在性交合過程中反應較慢的部分原因是她的反應開始得晚於男性，因為心理刺激對男性的作用大於對女性的作用，所以男性總是積極的投入性關係，總是在性接觸開始之前就勃起了，就做了盡可能快和直接地達到性高潮的準備。女性則正好相反，她通常並不會因為心理刺激就出現喚起，經常是在接受很多的肉體刺激之後才開始有反應。

此外，由於女性對心理刺激的敏感度不如男性，她們更容易在性活動中分心。對於男性來說，眼睛看著自己的性伴侶，跟她談論性話題，考慮

自己用哪種性交方式，或者計畫著和另外女性的性接觸等任何心理刺激，都能讓他們保持著性喚起，即使沒有進行性交合也沒關係。但對於女性，假如給予同樣的心理刺激，約67％的女性可能極少被性喚起甚至無動於衷。再者，性過程中，男性可能經常改變速度、變換體位、交談或拔出陰莖，女性本來是在累積性反應，這樣就會導致她們重新回到起點。

所以，我們認為女性之所以性反應較慢，就是基於這個原因，而不是因為她們本身性反應能力的缺乏。

性高潮和它的後效

　　性高潮，指的就是男女在到達性喚起的頂峰後，會突然躍變到一個新的緊張頂峰，然後釋放所有的張力，帶來一連串的肌肉痙攣，可以延續數秒到一兩分鐘，最後恢復到平常狀態或平常狀態以下。性高潮的後效，就是由性高潮時張力的釋放而引起的痙攣。這種後效也是許多心理學家和精神分析醫生所強調的「性滿足」，他們認為滿足來自於這種性高潮後效，因此他們認為的性高潮也包括這種後效在內，對此我們抱持不同觀點。

　　性高潮的消退有時會像一陣退潮的大浪，有時又會出現間歇或小的回潮，但都不會回到原來的峰頂。「峰頂」與「退潮」可以作為觀察性高潮的最好象徵，特別是在男性沒有射精和女性並不會射精這兩種情況時更為有用。一般認為，哺乳動物中的雌性沒有這種突然放鬆的情況，牠們的肌肉神經會在性交合結束後才會消除緊繃，不過即使性交合結束後，牠們仍然處於性喚起狀態。因此我們認為，只有人類女性才能在性交合中達到性高潮，其他雌性哺乳動物不能如此。性高潮的這種漸發突退現象，也是其他人類行為所不能相比的。或許它和「打噴嚏」很像，不過打噴嚏是小事一樁，而性高潮卻牽動全身。

　　不過現實生活中，我們會遇見這樣一些現象——例如，母狗在性交合中就有突然放鬆的現象；我們還觀察到母猩猩靠自我刺激達到性高潮的現象，正如前人記錄過的那樣；母牛在進行同性性活動時也會出現性高潮；

所有的鼠類動物也是如此。這說明我們上面的結論有著一定的局限性。如果想準確的、科學的得到一些結論，必需進行更多的調查和研究。

然而是不是在任何一種性行為中，除了這些很少數的動物有過性高潮外，大多數動物中的大多數雌性都沒有性高潮呢？雖然就我們所知，這種規律地以某種頻率達到性高潮的能力，是人類女性所獨有的，但這個結論仍然需要進一步去驗證。

性高潮的後效主要包括以下幾個方面：

肌肉抽搐和痙攣

一般情況下，這個現象會遍及全身，甚至引發全身痙攣，不過也有人只是輕微在身體的局部出現。這種痙攣一般會持續半分鐘到一分鐘，甚至長達5分鐘，也有些人痙攣傳導很快，以致難以觀察。

雖然我們不清楚性高潮後痙攣的機制，但它和癲癇或電擊很類似。那些平時比較注意自己言行舉止的人，可能會讓自己的反應溫和一些，但那些本來就反應很激烈的人，在這個時候做任何有意識的控制都是徒勞無功的。例如：無論男女，在性高潮的時或性高潮過後，都可能會像遭受嚴刑拷打那樣劇烈的扭動身體、拱背、擰頭、長伸雙臂和雙腿、低聲哭泣、咆哮、叫喊等；有些人甚至會全身摔出、拱出或滾出幾英尺遠，會使勁踢對方、爆烈的猛推、猛擊對方等等。這些都是性反應的極端形式。

生殖器抽搐和痙攣

這種現象是男女所共有的。女性的會陰肌和陰道提肌會發生收縮，進而出現人們所說的「陰道高潮」，此時會覺得陰道在握住陰莖或進入其內的物體，其實這只不過是性高潮的後效。

陰道的收縮會使性行為中的男女雙方獲得性滿足，但我們不能證實是不是沒有陰道收縮就會讓人覺得失去一些快感。發生過這種現象的女性如果在某次性交合中沒有發生，這可能只是因為她在這次性交合中沒有起反應，也不一定就說明她少了一些快感。

女性的腹肌也會強烈收縮，進而使子宮口和陰道入口緊縮，子宮頸也會有很小的運動，有著吸入精液的作用。

男性的陰莖和陰囊會收縮。睪丸在陰囊內出現相當大的運動。大多數男性的陰莖動作很小，不過也有些人會發生跳動。這是因為陰莖植入其中的骨盆肌肉發生收縮所引起的，肛門也會因此而大開大合。除了那些進行肛交的人或把插入肛門當作性刺激的人，一般人都對肛門的這種反應沒有知覺。

射精

這是男性最顯著的性高潮後效。人們普遍認為，精液會被射出很遠，有些醫生也依次判斷受孕可能。我們調查了數百個男人發現，由於生理和解剖構造的不同，不同的人射出的距離也有很大差別，但是約有75％的人只能射出一點點距離，在插入式性交合中能勉強達到子宮頸。其餘的人可以射出幾英寸到一兩英尺，但是只有8個人可以射5到6英尺那麼遠。當然這也和年齡有很大關聯，畢竟年齡能減弱一切生理反應。

人們經常提到一種現象：女性陰道收縮時會擠出一些分泌液，類似男性射出精子，這就是人們常說的「潮吹」。他們認為這是女性的射精，很多性愛文藝作品特別喜歡談論這個問題。這顯然是有違科學的。人們還經常認為射精就是性高潮。其實兩者有著許多根本上的區別：

1. 射精是男性所特有的，一般來說，男女性高潮在一切生理細節上都相互對應，但是如果說射精是男性的性高潮，那麼將沒有與此對應的女性性高潮。

2. 射精是高潮後神經放鬆所出現的眾多現象之一，而性高潮牽動著整個神經系統和全身各部位。

3. 前青春期男孩由於前列腺和儲精囊還不能形成精液，還有那些切除前列腺的人，還有極少的人（可能只有幾千分之一），由於自身解剖構造的異常，他們都不能像成年男性那樣射精，不過他們也可以達到性高潮。

4. 有些男性的射精是發生在性高潮後的數秒，所以這兩者顯然可以區分開。

5. 能多次達到性高潮的人，也能多次射精。但精液枯竭之後，他們仍然可以達到性高潮，也同樣可以獲得射精時的性快感。

所以，射精只取決於解剖構造的不同，不能表示男女性反應的生理基礎不同。很多人認為射精是性高潮，所以才有人認為男女的高潮不同。

其他方面

性高潮過後，在幾秒到幾分鐘之內，脈搏會從150次降到70～80次的正常水準，血壓和體表的溫度也是如此。年輕的男性可以繼續勃起幾分鐘，年齡較大的男性可能立即疲軟。如果興奮持續，一些年輕甚至年老的男性仍然可以繼續勃起很長時間，並且可能會不間歇的進行下一輪性活動並達到高潮。

高潮過後，意識和感知能力也會很快恢復，但不會超過高潮前，所以人會感到有些不適。許多男性這時會變得很敏感，稍微刺激陰莖就會覺得

疼痛。在很多婚姻指導手冊上都說，如果丈夫比妻子先達到性高潮，應該繼續抽送而不是停止，不過一些男性在生理上做不到這一點。女性中也有這種過敏現象，不過沒有男性中常見。

　　性活動結束後，有些人會覺得飢餓，這只不過是恢復常態的反應，畢竟一次完整的性活動要消耗很多的能量。但是像渾身疲乏、想要離開對方，甚至去抽菸這種行為，可能是由於當事者心理煩惱或其他的原因所造成的，可能是由於他們對剛才性行為的懷疑，害怕違背道德準則或被社會譴責；也可能由於用了一些不潔的性技巧時，有些人會在性活動中或性活動之後馬上嘔吐或上廁所「方便」，當然這是心理因素造成的，而不是生理因素。

　　絕大多數人在經歷了性高潮之後，會處於一種平靜、安詳的狀態，並沒有悔恨、內心衝突或沮喪的情緒反應。古羅馬的醫學先驅蓋倫稱這種狀態為「性交合後的沮喪」。大多數人都認同，性高潮和性滿足是任何類型的性活動所可取之處。

　　那些年輕人在性高潮過後的幾秒到一兩分鐘後，就可以富有活力的進行身體活動和精神活動。我們調查的所有人所需的恢復時間平均起來大概在4～5分鐘。在文藝性愛作品中總是描述女性在性高潮過後仍然十分興奮，其實男女在這個方面沒有多大差別。許多人進行性活動的時間大多在晚上，這樣結束後就可以睡覺。

　　少數的人會在幾個小時內覺得疲勞，個別人還會在幾天之內都覺得很累，但這不只是性活動引起的，可能是由於患有其他疾病，或者是由於其他心理因素而導致的。這種情況下，這些人不會在對性刺激有反應，自然也不會對性活動感興趣。不過性活動確實有自己的內在調節機制，用以控

制性高潮的頻率。其實每個男人在自己的一生中，總有一兩次想努力超過自己的性極限，控制自己的行為去創造一個最高紀錄，不過大多數男人都無法做到。同樣，女性也經常強迫自己進行超過自己生理能力的性活動，只不過他們不會出現性反應。

個體差異

（1）肌肉運動的速度有差別；

（2）肌肉運動的幅度不同；

（3）從性行為開始到性高潮的持續時間不同；

（4）性高潮結束後抽搐的部位和程度都不同；

（5）那些最容易被性反應牽動的身體部位不同；

（6）引起性高潮的骨盆撞擊或其他動作的次數不同。

這些差別構成多種多樣的可能，因此每個人的行為都有自己的特點，即使每個人性反應和性高潮的基本生理模式都是一樣的。

意識到的滿足

我們還沒有弄清楚具體有哪些原因和這個有關，但至少存在以下幾種因素：

（1）在形成性反應的過程中，生理和心理上受到的刺激程度和性質；

（2）當事人的本身生理能力；

（3）當事人以前的性經歷，以及這種經歷所形成的性態度；

（4）作為性高潮基礎的生理狀況，例如脈搏達到150次的性高潮，可能比僅有100次的更讓人體會到性快感。由於我們缺乏充分的資料，不能確定其他生理變化是否也很重要；

（5）當事人的心理能力，比如：尋找性夥伴的能力、在肉體活動中發展到有效的心理刺激的能力、在對方性過程中的情感反應等等；

（6）當事人與以前的某個特定性夥伴的經歷。假如雙方有時間相互瞭解或相互適應對方的生理和心理需求與偏愛，也就是雙方關係持續時間越長，那麼他們的滿足程度就越高。

（7）對許多人來說，在性活動中是否有罪惡感是決定其滿意程度的最重要因素，所以這種滿意度也和當事人心理上能否接受多樣化的性活動有關。

（8）達到性高潮的速度和方式。有些人喜歡直接的、不間斷的達到性高潮；有些人則喜歡緩慢的、輕柔的過程，所以經常故意中斷來推遲性高潮。

（9）如果舊的性夥伴或性經歷已經喪失原來的吸引力，新的性夥伴可能更刺激、更有效果。

男女的對照

1. 一般來說，女性的性高潮後效與男性並沒有本質差別。當然，男性可以射精而女性不能，但這只取決於生理解剖上的不同，並非兩性生理上有什麼基本的不同。

2. 男女在性反應上的基本生理因素和過程方面沒有多大差異，然而由於雙方解剖構造不同，雙方在某些細節上還是稍有區別。例如：男性的陰莖腫脹最明顯，女性則是乳頭、陰蒂還有小陰唇腫脹最明顯。但是在其他生理變化上，例如脈搏和血壓等，男女基本是一樣的。

3. 人類男女的性高潮從根本上是相同的，不過人類女性的性高潮在其

他哺乳動物中都是沒有出現的。

4. 女性達到性高潮的速度可以與男性一樣快，甚至比男性還快。只不過在性活動中，由於女性較少被心理因素所刺激，所以表現的比男性慢。不過，我們沒有任何資料證明女性比男性慢。

我們不否認男女兩者在心理上有差異，但是假如男性和女性都能清楚的明白他們在基本的生理和解剖構造上有驚人的相似之處，那麼他們就能更好地理解對方。

第十三章
性反應中的心理因素

　　嚴格意義上來說，人類的一切功能都是生理功能，但習慣上人們把行為的某些方面稱為心理功能，人們一直使用著這兩個術語，實際上兩者之間沒有嚴格的分界，很可能原本就沒有本質的區別。所以很多人認為，人類的身體存在三個範疇：人的解剖構造、人的心理和人的生理。心理學家研究的是形式，生理學家研究的是內容，或者反過來。

　　有些人認為，人類性行為的心理方面不同於性反應和性高潮的解剖構造和生理基礎，甚至比它們還要重要。這種看法明顯是錯誤的，我們定義的行為的心理方面，是指同一基本構造和基本生理的某些方面。並且這種思想很容易轉化為神祕主義，讓他們覺得只有自己才知道「基本的」、「人類的」、「真實的」行為問題，進而將解剖學和生理學當成科學上的唯物主義。當然，我們的定義也不否認那些無法用生理和生化術語來稱呼的現象，例如：學習和限定過程、整體性行為模式的產生與發展、選擇性目標時的偏愛的產生等，這些都會對人的性活動產生很大的影響。

五種性心理現象

學習和限定

我們知道，生物如果先後兩次遭遇同一種情景，他們就可能表現出不同的反應。後一次的反應可能基於前一次情景的記憶做了相關的調整。這就是生物中存在的一種十分突出，並且無法用生理和生化術語來解釋的現象，即生物能夠透過經驗來調整行為的現象。這就是心理學上所說的學習和限定過程。這也是生物與非生物的界限之一。

雖然以佛洛伊德為代表的精神分析學派，曾經正確地強調了早年經驗的作用，但是人的一生中有很多不斷進行學習的機會，也會不斷地再獲得並形成新的前提限定，所以不可以絕對化早年經驗的作用。第一次經驗、反應最強的經驗和最近一次的經驗都可能影響以後的行為。人類具有一個很發達的大腦，所以其性行為的多樣性可能更多地取決於心理因素，而不是性機能的解剖構造和生理狀況。

人從呱呱墜地的那一刻，繼承的只是解剖構造和生理基礎，它們可以對刺激做出反應，這些，包括上面一章所講述的一切，都是不用去學習的。但是除了這些，性行為的其他一切方面都是學習的結果。嬰兒在生下來之後或仍在胎中的時候，都可能開始接觸一些對他今後行為產生影響的因素，進而形成一定的經驗。例如，與他人身體的接觸，會讓嬰兒知道觸

覺刺激會帶來滿足；早年與他人的性活動，能讓兒童知道什麼會受到懲罰，什麼又會得到獎勵。從其所處環境的一切人類行為那裡，兒童學會對待性的態度，這種態度會對他們以後喜歡或排斥某種特定的性活動產生一定的影響。

說到底，任何一個人的所有性技巧，包括在自我刺激、親呢愛撫、性交合、同性性行為還是其他性活動中所使用的，都是學習而來的。他以後對這種活動的態度和興趣，也與這個學習的過程緊密相連。

偏愛的發展

由於經驗的影響，一個人在某種活動中可能產生積極的反應，在另一種活動可能產生消極的反應。不過這兩種反應都有不同的程度，所以一個人會對某個活動做出比對其他活動更強烈的反應。當有選擇的權利時，人就會表現出對某種活動的強烈偏愛。

一個人對其性夥伴的偏愛有很多原因，例如：高矮胖瘦、人數、性別、膚色相貌、年齡與年齡差、是自我刺激還是投入與人的性行為；進行性交合前的愛撫時間長短、是否用多種性交方式、用生殖器、口或肛門的技巧、是否用動物代替人進行性活動等等。或許很多人認為這些行為是不可接受的、不道德的甚至是骯髒的，然而他們仍然會這樣做，因為對當事人來說，所有這些偏愛產生的原因及對某種刺激產生的反應，都是很合理的，也可以說是不可避免的。

學習與條件這兩個方面有很大的局限性，即使那些最普遍的性行為模式也不能完全從這兩個方面來解釋。一些人認為不可思議的行為，例如：施虐、戀物、易裝等，另一些人卻覺得它們意義重大，這顯然和後天的學

習經驗有關，但也不能排除這些人先天和後天的解剖構造與生理功能的作用，也可能與他們本身的性格特徵有關。尤其是戀物現象，這很可能是因為他們被性夥伴身體的某些部位所吸引。

社會因素也會有一定的作用，有一些行為是社會所讚賞的，因而受到社會的關注；但是也有一些變態行為是不被社會所接受的。如果僅僅把行為分成正常的和不正常的，然後列一個很長的清單，這只是道德的表現，並不是科學，所以我們不能由此來分析行為的來源並瞭解其真正的社會作用。

經驗的共鳴和分享

僅憑個人的經驗不能構成人類性行為的前提條件。人類透過其巨大的社會交際能力，運用語言、書刊、網路及其他現代化手段，分享並獲知著其他人的性經驗。在這個獲知的過程中，他們會瞭解到別人在進行某種性行為的時候是否得到滿足，這將會影響他們以後是否也進行這種性行為。

許多人都會在聽到某些性能力很強的人吹噓的時候，在瞭解別人性經歷的過程中，在閱讀一些性愛文藝作品、看到一些描述性活動的繪畫或文字的時候，受到很大的刺激，結果他們就會對這種類型的性行為產生強烈的性傾向，即使他們還沒有真正的實踐過。

一個人的性行為模式很大的程度上都會受到以前甚至古代的社會準則的影響。一個孩子在很小的時候，社會準則就會「規範」他的行為、反應和思維等，促使他接受某種特定的行為模式。

對相關事物所做出的反應

動物會對特定刺激及那些和最初經驗有關的事物、現象做出反應，巴夫洛夫的動物條件反射試驗，可以充分地證明這一點。

如果牠們是在同某個同性的交往中得到滿足，牠們也將對所有同性做出積極的反應；如果動物在同某個異性的交往中獲得滿足，那麼它們將會對任何一個異性做出更積極的反應。我們調查發現，如果一隻狗的主人曾經撫摸過牠的生殖器，狗在這個刺激中得到滿足，那麼以後，當這隻狗看見牠的主人時，牠就會親熱的撲向它的主人，期待主人再一次刺激牠，有些狗甚至會將上次被撫摸的地方停留在主人的手旁邊。

視覺、嗅覺、味覺、聽覺對性的刺激作用，也並非是直接對感受器官進行生理刺激，而是由於當事者能聯想起以往的性經歷。人類作為一種相當高度進化的動物則更是如此。從孩童時期開始，人類就將許多事物和現象與那些能給自己帶來滿足和快樂的行為聯繫在一起。成年人就會把很多事物、現象與性活動聯繫在一起，從簡單的觸覺滿足，到特定的衣著、光、聲音、音樂，甚至房間、家具的格調，都會對他們的行為產生一定的影響。

有的時候，一個人對這些事物或現象的反應，跟他們在性活動中因肉體刺激而激發的反應一樣強烈，甚至更強烈。很多人覺得，幻想著得到一個進行性活動的機會，比真正的進行性活動更能激發自己的性喚起。

交感反應

交感反應，是指一個動物對另一個動物產生感覺與反應的現象。例如，大多數哺乳動物看到別的動物進行性活動時，自己也會出現性喚起，並想著進行嘗試。人類中的男性也會如此。

性活動本身是最能引起性反應的。人類社會一直嚴禁公開進行性活動，主要就是為了防止交感反應，防止產生群體性活動的嚴重後果。我們知道，動物的群體性活動會導致內爭和群內暴力，而每個動物不可能都能在群體性活動中控制自己的嫉妒，專心於獲得其中特殊的刺激和滿足，所以人類當然也會如此。當然，這和長期的社會道德約束，以及羞怯或過錯感也有一定關係。

由於在人際性活動中，雙方可以相互刺激或相互接受刺激，所以這樣就比獨自進行自我刺激可以獲得更多的滿足。在雙方的肉體接觸中，特別是完全裸體的相互接觸中，一方身體的緊張或反應會直接刺激另一方產生相關反應，一方性高潮也會直接刺激另一方產生性高潮。這可能是因為雙方同時出現性反應，但主要原因是雙方產生某種交感反應。

男女33種不同心理狀態

　　一般來說，相對於女人來說，男人會更受他們的性經驗影響，也更會被各種各樣的伴隨因素影響，或者被他所學習的別人的性經驗及對其性夥伴的交感反應所影響。

　　但是在對心理刺激做出反應的能力這個方面，女性中的個體差異往往大於男性中的。我們說過，在自我刺激時，女性出現性幻想的平均數量要少於男性，但是也有一些女人具有很強的性幻想。所以，在強調一般女性與一般男性的差別時，必須加以說明：許多女人和一般女性的差別也非常大。

觀看異性

　　有32%的男性認為，在他們看到某個自己想要與之發生性關係的女性（例如，自己的妻子、女朋友或其他的女性）時，無論她們是裸體的還是穿著衣服的，都會產生性喚起。另外有40%的男性說他們只有偶而會；有28%的男性說他們從來沒有過這種情況。對於女性，只有17%的人在看到她的丈夫、男朋友或其他男性時總會出現性喚起，另外有41%的女性有時候會產生性喚起，卻有多達42%的女性說她們從來沒有過這種情況。

　　男性看到女人會產生生理上的勃起反應，並且經常接近女性來獲得肉體接觸。但是女性看到男人時，產生的生理反應大多數都沒這麼明顯。在

前人類哺乳動物中也存在同樣的現象。

觀看同性

顯然，對同性注目並產生性喚起是一種最基本的同性性反應。由於我們的道德文化及社會都嚴厲譴責和懲罰同性性行為，所以許多男性都深信自己是一個「異性戀者」，即使他們在看到其他男性時有性喚起，他們也不敢承認。可是，我們的文化卻允許女性在觀看裸體女性或盛裝女性時產生美感的滿足，所以如果一個女性表示自己欣賞另一個女性，我們的道德文化傳統並不認為她是一個「同性戀者」。我們只是認為她們是欣賞自己喜歡的某個女性，並不存在性的因素在裡面。

儘管如此，我們調查的結果顯示：承認自己觀看同性人時產生性喚起的男性，還是要多於承認這個現象的女性，具體情況見下表所示。

性反應程度	女性（％）	男性（％）
明確地、經常地	3	7
有時有一些	9	9
從來沒有過	88	84

看到裸體影像時的反應

男性在照片、繪畫或油畫上看到裸體女性的影像時，會產生性喚起的機率約為54％的。男性在看到真實的女性時也會產生性喚起，這兩者的比例差不多。大多數有過同性性行為的人在觀看同性的裸體影像時，也會產生性反應，但是有這種情況大多發生在男性身上，女性中這樣的情況並不多見。具體情況如下表所示：

性反應程度	女性（％）	男性（％）
明確地、經常地	3	18
有時有一些	9	36
從來沒有過	88	46

　　大多數女性很難理解，為什麼那些男人明知道自己根本不可能和那些影像發生真正的性關係，他們還會產生性喚起呢？同樣，男性也無法理解，女性可以和自己有滿意的性關係，但是在看到自己的裸體影像，或其他與她有過性關係的男性裸體影像時，女性為什麼不會產生性喚起？

　　在我們調查中遇到一些男性，他們曾把裸體照片或繪畫拿給自己的女性同伴看，想以此引發她們的性喚起，結果大多數男性都能感覺到儘管自己的性夥伴有時裝出感興趣的樣子，但是實際上，她們並沒有真正地產生性反應。如果一個男人發現自己的妻子或女友對這種刺激沒有反應，他就會得出這樣盲目的結論：她不再愛我了，所以對我沒有反應了。其實，他沒有認識到，大多數女性都不會像他那樣產生性反應，沒有產生性反應並不表示她不愛你。

　　商業化展出人類裸體影像時，女性和男性的反應差異表現的很突出。現在裸體藝術品、電影、體育用品、裸體油畫畫冊、裸體主義雜誌的商業發展的很好，幾手所有帶插圖的雜誌的封面或中頁，都是裸體的或近乎裸體的照片。

　　大多數作品都具有藝術的或其他方面的重要價值，並不是故意地產生性刺激，但是它們都可以給許多男顧客帶來性刺激或色情刺激。

　　社會為男顧客生產了很多女人裸體照片或雜誌上近乎裸體的女人照片，包括那些只表現裸體或近乎裸體的男性影像照片和雜誌。幾乎沒有專

門為女顧客生產的男性的或女性的裸體影像。裸體照片與雜誌和生產商都非常明白，如果他們專門為女顧客生產，他們不會有市場，因為幾乎所有的女性都不會因為這類東西而產生性喚起，所以他們不會有市場。

性愛藝術品的作用

各種美術作品中都可能含有性的因素，那些藝術家對所描繪事物表現出性興趣的作品，或者對觀看作品的人產生性刺激的作品更為明顯。

我們廣泛調查了美術作品中的性因素，發現很多男性藝術家在處理人體時，對男人身體和女人身體都表現出很大的性興趣。儘管藝術家並沒有表現生殖器或性動作，但是對藝術家和後來的男觀眾來說，裸體的姿態等都具有性的意義。按照我們所諮詢的當代藝術家的看法，米開朗基羅、魯本斯、羅丹、達文西、拉斐爾、雷諾瓦等藝術家，幾乎都畫過具有性含義的裸體。

當然，就像埃及藝術那樣，我們也完全可以畫不具有性含義的裸體。但是在歐洲和美國畫過裸體的男藝術家中，我們發現作品中從來不帶性的色彩的藝術家，不超過6位。

一般來說，從事美術的女性遠少於男性，但是在歐洲和美國的藝術史上，還是有數百位之多的女美術家。我們經過幾年的研究，在所有著名的女畫家的作品中，只找到8幅作品在描繪人體時帶有性含義。根據當代畫家們（包括男女畫家）的畫作得出的這個結論顯示：女畫家的作品很好的證明她們在面對自己所畫的裸體時不會產生性反應。

值得注意的是，在女畫家的這8幅帶有性含義的作品中，其中7幅畫正好是畫女性裸體。

看到生殖器時的反應

大多數有過異性性行為的男性，在看到女性的乳房或腿，或者其他一些身體部位時，都會產生性喚起。男性普遍會在看到女性生殖器時產生性喚起。但是只有很少的女性在看到男性生殖器時會產生喚起，大多數女性甚至從來不會產生喚起。具體情況如下表所示：

性反應程度	女性（％）	男性（％）
明確地、經常地	21	很多
有時有一些	27	很多
從來沒有過	52	極少

許多女性覺得男性生殖器非常醜陋，令人厭惡，所以看到男性生殖器時會阻止她們的性反應，所以很多女性認為在看到男性生殖器時產生性喚起是很難讓人相信的。這可能正像精神分析學講的那樣，女性對男性生殖器的否定反應是因為她和男性不愉快的性關係，但毫無疑問，這在很大程度上也是因為女性不會對心理上的性刺激做出反應，不會像男性那樣對和性相關聯的東西也做出反應。

前人類哺乳動物的雌性也是這樣。例如：雄性的抓弄會讓母猿或母猴產生喚起，但是它們絲毫不會注意雄性的生殖器。雄猿或雄猴卻相反，它們很關心雌性的生殖器。其他動物也是這樣，這是一種普遍存在的現象，我們在討論人類女性缺乏對男生殖器的興趣時，必須考慮它。

男性的生殖器能讓具有同性性興趣的大多數男性都產生喚起，這些人特別關心生殖器的解剖構造和各種反應，有些人的喚起還非常強烈。因此，男性在同性性接觸中，會經常相互展示和探索生殖器。同性性反應不

那麼強烈的男性，他們只是對自己和別的男性的生殖器很感興趣，但是對於有同性性行為的女性，只有很少的人會被別的女性的生殖器喚起。

觀看自己的生殖器

有超過一半的男性在自我刺激時，會因為觀看自己的生殖器產生性喚起。但是卻很少有女性因為觀看自己的生殖器而產生性喚起。具體情況如下表所示：

性反應程度	女性（％）	男性（％）
明確地、經常地	1	25
有時有一些	8	31
從來沒有過	91	44

這就表示，透過觀看自己的生殖器而被喚起的男性的比例（56％），高於透過觀看男性生殖器而被喚起的女性的比例（9％）。男性的喚起可能是因為同性性興趣，但是很多從來沒有過同性性興趣，也沒有過同性性行為的男性，在觀看自己或其他男性的生殖器時也會產生性喚起。

展示生殖器

有一些男性對自己的生殖器特別感興趣，在看到其他男性的生殖器時也會產生性喚起，所以他們會向妻子、女伴或有同性性關係的男伴展示自己的生殖器。這顯然是因為他們都普遍地認為：如果別人看到了自己的生殖器，他也會像自己一樣產生性喚起。

大部分男性都很難認識到，甚至有些人一輩子都沒有認識到這一點，即女性不會透過觀看男性生殖器而產生性喚起。當那些丈夫們展示生殖器時，妻子們就會認為丈夫下流、變態或精神不正常；而那些丈夫認為如果

自己的妻子對他展示生殖器的行為沒有任何反應，那麼就說明妻子不愛他了。在調查中我們遇到許多這樣因為不瞭解對方的這些心理特點而導致婚姻出了問題甚至因此離婚的夫妻。

有些男性會在公共場所展示自己的生殖器，主要是因為他們自己碰到這種情況時會發生性喚起，所以他想當然的認為那些觀看自己生殖器的女性肯定也會如此。有時候，那些展示生殖器的男性會因為看到女性驚慌、恐懼或其他激動的反應而引發性喚起，產生交感反應，並且認為自己受到了性刺激。但是，在很大程度上，他的性喚起是因為他認為女性會因他而產生性喚起。這樣說是因為：在女人路過並看見這些男性之前，他們就已經處於勃起狀態了。所以，過路女性的反應並不完全是，甚至不主要是男性行為和反應的原因。

有些聰明女性很清楚的知道這個舉動對男性來說意味著什麼，所以她們會向自己的男伴展示自己的生殖器。但是她們的這個行為也只是很偶然地讓自己產生性喚起。在我們的調查中，沒有一個女性是為了自己可以從中獲得性滿足而在公共場合展示自己的生殖器。

根據我們的調查，那些在舞臺上、夜總會或小戲院裡從事商業裸體表演的女性，幾乎沒有一個人可以透過這樣的辦法讓自己獲得性刺激。這些女性可以熟練地做出各種假裝的動作，讓臺下的男觀眾們認為她們自己也因此而產生性喚起了。但是根據我們的特別調查，她們根本沒有出現性喚起所必需的那些生理變化。那些我們調查過的、在舞臺上做裸體表演的女性，其實她們都在嘲笑那些男觀眾，她們感覺這些男人太容易被騙了，他們竟然傻到會相信自己表演這種節目會產生真實的性喚起。

對生殖器技巧的興趣

生殖器在性活動中的重要性是無可厚非的，大部分男性和一些女性也相信，生殖器是和性反應相聯繫的主要器官。這種認識形成男女心理上的限定前提。因為，雖然很多性活動的焦點都是生殖器，但是這並不完全是因為生殖器有豐富的觸覺感受器官，身體的其他許多部位的觸覺感受器官也一樣豐富。

為什麼說這種認識是形成男女心理限定的前提呢？首先，男性比女性更重視性活動中生殖器的作用，而事實上男性生殖器上的感受器官並不多於女性。另外男性生殖器的明顯勃起能讓他們把注意力集中到自己的生殖器上，但是大多數女性卻不能也這麼做。

大部分女性都喜歡在足夠刺激身體各種部位之後，再集中觸摸生殖器。我們經常聽說妻子們抱怨自己丈夫「除了性交什麼都不做」，意思就是說丈夫總是刺激生殖器和立即插入。這也說明大部分男性開始總是裸露或用手摩擦生殖器，無論是在異性性行為還是在同性性行為中都是如此。但是反過來丈夫也會抱怨妻子「對我什麼也不願意做」，這句話大多數是表示妻子不願意觸摸並刺激自己的生殖器。

在男女同性性行為中，也同樣存在這種性別差異。很多男性同性性行為也是以相互裸露和用手摩擦生殖器開始；在這個過程中，大部分男性也更喜歡刺激生殖器，而不是刺激生殖器以外的部位。女同性性行為則正好相反。在我們的調查中，有一些只有同性性行為的女性，其肉體關係持續了很長時間，例如10年或15年，但是她們一直只是刺激身體的其他部位，最後才試著刺激生殖器。

有同性性行為的女性認為有同性性行為的男性僅僅是對生殖器感興

趣，所以她們經常批評他們。相反，男性也會認為女性在同性性行為中「什麼也不做」。這和妻子批評丈夫或丈夫批評妻子非常相似。這也從另一個方面證明，那些認為同性性行為是變態的說法是錯誤的。事實上，男同性性行為只是男性典型的心理前提的一種極端形式。

看商業電影

在當今的商業電影中，有一個非常普遍的現象，就是這些電影多少都有一些具有性含義的鏡頭。無論是對男性還是對女性，這些鏡頭都可以產生性喚起，但是它們的作用已經小於其剛剛出現時的作用，而且比大多數官方或非官方的審查官所擔憂的程度小。很多男性會和性夥伴一起在私下場合看電影，在看到一些貼身愛撫、接吻鏡頭或故意展示半裸體鏡頭時，他們可能經常會出現性喚起。但是在公共電影院裡，我們顯然誇大了這種男性的人數。當然，也有很多男性確實被電影激發了性反應，他們表現出咽唾不止、似被貓抓、緊握雙拳的行為，但是他們一直試圖否認自己有了性反應。

男女對商業電影的反應如下表所示：

性反應程度	女性（％）	男性（％）
明確地、經常地	9	6
有時有一些	39	30
從來沒有過	52	64

從表中可以看出，女性產生反應的比例要高於男性，可以產生這種效果的心理刺激只有幾個，很明顯商業電影是其中之一。可能是因為一般電影中都有浪漫動作，也可能是因為在大多數情況下，電影可以從整體上創

造一種充滿激情的氣氛。這就像和另一個人一起遊覽風景勝地、共讀一本書、共欣賞一首歌曲，可以引發或創造出一種激情反應，然後又轉化為一種性反應。有時候，電影中的性愛鏡頭並沒有直接的性含義，但是也能讓一些被特定因素所限定的那些人產生性喚起，這可能是因為觀看者把電影中的性愛場面和自己的性夥伴聯繫在一起了。

觀看色情表演

無論什麼場所，很多各種各樣的色情表演，其目的或多或少都是為了給觀眾提供刺激，進而靠這種方式賺錢。很多男觀眾也確實從中獲得性刺激。不過男觀眾也大多是在第一次或第二次觀看這種演出時會產生性喚起，看多了也就不會覺得有性刺激了。但是他們會繼續去觀看，可能是因為他們可以在其中獲得某種情欲的滿足，即使沒有第一次那麼強烈也可以。有一些人是因為表演中的幽默吸引了自己。但是大多數人卻希望繼續獲得首次觀看這種演出時所獲得的那種滿足。

性反應程度	女性（％）	男性（％）
明確地、經常地	4	28
有時有一些	10	34
從來沒有過	86	38

10年或20年前，觀看這種色情表演的幾乎都是男性，但是現在女性觀眾和男性觀眾已經一樣多了。但是我們很難理解，既然女性中只有14％的人產生過性喚起，那麼為什麼她們還要去看？很明顯她們並非為了從中獲取性刺激，大多數女性可能是因為社交的需要，或者只是為了陪自己的男伴。當然她們也可以從其中的幽默來獲得某些快樂，但是她們當中只有特

別少的人是為了從中獲得同性性刺激。

觀看性動作

很多男性有看到別人實際性行為的機會，並且他們之中的大部分都因此產生交感反應；但是有這種機會的女性卻很少出現交感反應。從古羅馬以來，似乎有一種文化傳統，即商業化表演性行為就一直服務於男觀眾，極少有女觀眾。很多男人出於自己的道德良心，即使性表演的機會送上門也不願意去看，但是他們也不得不承認，如果自己看了這種表現，是會出現性喚起的。

一般人們認為文化傳統的作用是男女這個方面差異的原因，都認為相對於男性，女性在對待一些社會不贊成的事物方面更有道德。事實上，這種差異在前人類哺乳動物中就已經存在了。雄性在看到別的個體從事性活動時，自己也會產生性喚起，但是雌性中這種情況就比較少。農民和牧民對這點非常瞭解；家裡養小動物的人也非常清楚。所以並不是女性比男性更有道德，只是和男性相比，她們更不容易和不經常被心理因素刺激並且產生交感反應。

觀看性動作的錄影

各州和地方政府都嚴厲禁止表現性動作的照片、繪畫或電影，法律也會週期性地發布阻止這類「淫穢物品」傳播的懲罰條款。儘管如此，在美國這些東西仍然大量存在，只不過可能少於其他大多數國家。在歷史上，大多數文化都有表現性動作的錄影資料，並且大多數資料都是為男消費者提供的。

男女的不同反應，表現為兩點，一是觀看這類資料的男性比女性多；

二是因此引起性反應的男女在數量上並不相同。具體情況如下表所示：

性反應程度	女性（％）	男性（％）
明確地、經常地	14	42
有時有一些	18	35
從來沒有過	68	23

然而，很多女性說她們也經常觀看性動作的錄影，並且會因此受到包括道德的、社會的和美學意義上的譴責。人們經常以此來證明女性比男性在自重方面的意識更強，但是事實上我們的資料顯示，大部分女性在看到這類資料時，並沒有感覺到什麼性含義或性刺激。

大部分男性也很難理解為什麼女性對這樣的影像不動心。他們經常向妻子或女伴展示這些東西，希望在性活動開始之前就喚起她們。同樣，妻子們也很不理解為什麼自己的丈夫在家裡已經有滿意的性生活了，還要去看這些東西來尋求額外的刺激呢？

妻子們覺得丈夫的這種行為是傷害自己的感情，許多妻子甚至認為這是在侵犯自己。我們碰到過許多因此而爭吵的夫妻，還有一些妻子在發現丈夫擁有性動作的照片或繪畫之後就提出離婚。

女性經常發動和支持各地、各州、各國反對所謂的淫穢品的運動。這樣做的原因不僅僅是因為她們認為應該從道德社會角度反對這些東西；而且也是因為她們自己根本不瞭解這些東西對大部分男性和一些女性所具有的意義。

觀看動物交合

很多男性和一些女性在觀看動物交合時會產生性喚起或交感反應，這

也是一些鄉村男孩和動物發生性關係的誘發因素。具體情況如下表所示：

性反應程度	女性（％）	男性（％）
明確地、經常地	5	11
有時有一些	11	21
從來沒有過	84	68

偷看異性裸體和他人性行為

幾乎所有的男性都在尋找偷看異性裸體和他人性行為的機會，特別是在即使被發現也不會帶來社會責任或麻煩的情況下更是這樣。對很多男人來說，因為脫衣服能使他們幻想自己將要看到什麼，所以觀看一個女人脫衣服，和觀看她完全裸體相比，可以獲得更多的性刺激。偷看是否可以獲得性滿足，是由偷看者接受心理上性刺激的能力來決定的。我們的調查發現，在別人的研究和文藝作品中，都有女偷看者的例子，但是比例很小，並且這些女性中只有特別少的人可以從中獲得過性刺激。

儘管偷看會惹來法律麻煩，但是在美國這種行為非常普遍，在其他一些國家也是如此。大部分男性一生中都有過那麼幾次，或者是從自家的窗戶裡，或者是透過旅館窗戶，或者是透過別的什麼機會偷看過。透過我們的資料不能夠算出百分比，但是1929年對漢密爾頓的調查發現：成年女性中的6％和成年男性中的83％都渴望這樣做，女性中的20％和男性中的65％確實這麼做過。

偏愛光亮還是黑暗

男性中有40％的人曾經在不同的光亮之下進行過性交合，或者從事過其他性活動；但是女性中只有19％的人偏愛光亮。這可能是因為女性性格

平和，但是更主要的原因是在亮光中，男性可以觀看對方、對方的生殖器或者其他身體部位、自己的某些性動作，以及觀看一些他認為和性有關的物品，這些東西都會讓他感到很強的性刺激。女性的情況則正好相反。

人類學的資料顯示，許多其他文化中的偏愛情況和這並不相同，但是即使是在同一個美國文化中，男女也有這麼大的差異。這說明這種現象並不完全是由文化傳統決定的，而是主要取決於兩性的不同心理能力。

對異性的幻想

只要一個男性不是絕對同性性行為者，那麼在想到特定的女性，甚至一般的女性時，幾乎所有的男性都會產生性喚起。受教育較少的男性很少出現這樣的情況，較老的男性則幾乎喪失了這樣的能力，絕對同性性行為者不會產生對女性的幻想。但是男性中的84％在一些情況下都會在不同程度上產生性喚起，例如：在幻想和女性有性關係時，在想到自己以前的性經歷時，或者在想到自己期望擁有的性關係時。對男性來說，和任何其他形式的刺激相比，這種形式的心理刺激出現的更多更經常。

只有69％的女性是這樣，還有31％的人即使在想到丈夫或男朋友的時候也不會產生性喚起。有些女性在肉體的性關係中，對男性有很強的反應，但是從來沒有因為對男性的幻想而產生性喚起。具體情況如下表所示：

性反應程度	女性（％）	男性（％）
明確地、經常地	22	37
有時有一些	47	47
從來沒有過	31	16

男人在性關係開始之前，甚至在根本沒有觸及女伴之前就經常已經高度性喚起，上述差異解釋了這種現象。並且也是男人渴望高頻率的性行為，難於忍受獨身的寂寞，在得不到自己所尋求的性接觸之後會變得心煩意亂的原因。但是女性卻無法理解這些男女間的這些差異，她們不明白為什麼在家務繁忙或社會負擔沉重時，丈夫不願意減少或放棄性交合。

反過來，很多丈夫也無法理解妻子在性交合開始時總是缺乏興趣，並且經常誤認為是因為妻子對自己的感情淡薄了。如果夫妻雙方想協調，就必須明白這不過是男女兩性最典型最普遍的表現形式。

對同性的幻想

有同性性行為的男性對別的男性的幻想，和有異性性行為的人對異性的幻想是一樣多。但是，在女性中，女同性性行為者對女性的幻想比男性少，但是比有異性性行為的女性對男性的幻想多。具體情況是：46％的人有時有一些，28％的人明確地、經常地對同性產生幻想，26％的人從來沒有過，74％的人兩者都有。

自我刺激中的幻想

男性的自我刺激，一般是回憶自己以前的性經歷，或者是他希望將來會有的性場面，或者是那些自己從沒有經歷過，但是如果法律和社會許可，自己就能從中獲得特殊滿足的性活動。許多男性在自我刺激中都會故意虛構這樣的活動和場面。很多男性，尤其是受教育較多的人，在某些時候的自我刺激時，都會看性愛照片或繪畫、自己畫這樣的東西、讀性愛文學作品、自己創作性愛故事，因為這些是他們性刺激的來源。56％的男性在自我刺激中會觀看自己的生殖器，有同性性行為的男性也是如此，或許

更喜歡這樣，但是從沒有過任何同性性興趣的男性也是這樣。這兩種人都喜歡把觀看自己的生殖器當成性刺激的額外來源。很多男性，尤其是中老年男人，更是在極大的程度上依賴於心理刺激，如果在自我刺激中沒有性幻想，那麼就無法達到性高潮。但是女性卻不是這樣，這些比例都較低，在我們的調查中，幾乎沒有一個女性在自我刺激中把性愛書籍或圖畫作為性刺激的來源。具體情況如下表所示：

性反應程度	女性（％）	男性（％）
明確地、經常地	50	72
有時有一些	14	17
從來沒有過	36	11

夜間性睡夢

幾乎所有男性都有過產生性喚起的夜間性睡夢，但是女性中只有大約75％的人有過這樣的經歷。同樣地，男性中有83％的人在其中達到過性高潮，但是女性中這個比例只是37％。

較年輕的男性在性睡夢中達到高潮的頻率是平均每年10次左右，年紀較大的人為平均每年5次左右。有過性睡夢的女性的平均高潮頻率是每年約3～4次。在有過性睡夢的女性中，只有25％的人在性夢中達到過一次性高潮，所以對於全體女性，其平均高潮發生率只不過是一輩子有過1～6次。這又證明男女性心理上的差異。

性交合中的身心兩重性

女性在性交合中的反應是由肉體刺激的連續來決定的。如果刺激間斷，沒有肉體刺激，女性就沒辦法只依靠心理刺激來維持性喚起狀態，所

以她們在間斷的時候就返回到未喚起的生理起點上，她的高潮到來時刻就會推遲。男性的情況則相反，他的持續勃起，主要是依靠心理刺激來彌補肉體刺激過程中的間斷。

所以，不像女性那樣，男性一般很難從已經開始的性過程中轉開。對於女性來說，很多事情都能打斷她的性過程，例如嬰兒哭鬧、兒童進到房子裡、門鈴響起、突然想起來還有沒做完的家務，甚至放音樂、說話、吃東西、想抽菸或其他任何和性交合無關的事情。事實上，上述許多活動都是男性想做的，他不瞭解女性的性心理特點而讓她分心走神，所以他至少應該為此負一些責任。

男性總是認為在性交合中女伴並沒有全神貫注。但是這種抱怨是不正確的。因為男女性心理上是有差異的，男人重視的正好是女性缺乏的。實際上，千百年來人們一直就知道這個差異。無論是西方還是東方的古典文學，無論是古代還是今日的性愛美術作品，都描述過女人在性交合中偶然地讀書、吃東西或從事其他活動，但是卻沒有一個畫家描繪過男人做這樣的事情。

男女的這種差異可以有很多的原因。許多人堅持不懈的在社會和文化因素中尋找答案，但是其中肯定有某些基本的生理因素，因為前人類動物中也有這種差異。只不過，這不能理解成兩性有不同水準的「性內驅力」，很可能是因為兩性有著更基本的神經方面的差異。

文學作品的刺激

小說、散文、詩歌或其他文學作品，一般都包含著激情或浪漫色彩，或者含有一些性描寫。讀者可以分享書中的性經歷，所以讀者的心理喚起

可以透過對這類文學作品的反應來測量。我們的結果如下表所示：

性反應程度	女性（％）	男性（％）
明確地、經常地	16	21
有時有一些	44	38
從來沒有過	40	41

　　最引人注目的是，男女在這個方面幾乎沒有什麼差異。看文學作品引起性反應的女性，比看性動作影響引起性反應的女性多一倍，比看裸體影響引起性反應的多4倍。我們還不知道這裡面的原因。因為其他方面的一些差異都是由於神經生理學方面的性別差異，心理上的巨大作用可能產生一定的影響，因此現在我們無法給出任何解釋。

性愛故事的刺激

　　包括剛到青春期的男孩的幾乎所有男性，都曾經聽到過各種性愛口頭故事。它們一般都是詳細描述性動作，故意給人性刺激。不同受教育程度的男性對此的反應也不全是一樣，受教育較多的人較多較強的做出反應，受教育較少的人做出的反應則較少。男女對照情況如下表所示：

性反應程度	女性（％）	男性（％）
明確地、經常地	2	16
有時有一些	12	31
從來沒有過	86	53

　　值得注意的是，有86％聽過性愛故事的女性從來沒有過性反應。其中有些人可能因為接受一般的社會輿論，認為這種故事是下流的和不道德的，感覺這種故事是對自己的冒犯。但是另一方面，也有很多女性喜歡聽

這些故事，因為她們感覺這些故事幽默可笑。還有一些人認為社會不應該反對這類故事。雖然我們沒有資料，但是今天的美國，有越來越多女性接受這類故事。在過去的一、二十年裡，人們已經極大地破除了絕對不能給女人講性愛故事的老傳統，反而有越來越多的女性更自然地接受這些故事。然而，我們從上述資料中發現，仍然只是很少的女性透過這種方式出現性反應。

性文學和性繪畫

那些故意把主要或唯一的目標，定為促使讀者產生性喚起的文學作品和視覺資料，我們稱之為「色情品」。其他文學作品和美術品也可能含有性因素，但是大部分研究者和法庭裁決卻認為它們的首要目標是文學的或藝術的價值，次要目標才是性因素。

縱觀古今，世界各地的色情作品有很多，但是基本上都是由男性創作的。公開出版物中，可能也只有兩三部是由女性寫的。確實有一些女性記載了自己的性經歷，但是實際上其中許多內容都是男人寫過的並且是大家都知道的。據此判斷，其他所有的內容幾乎也都是出自男人筆下的。因為這些作品都詳細描述了生殖器活動和男人的性過程。但是據我們所知，女性對這些東西一般沒有什麼興趣，並且在這些文學作品中的女人都是讚美男人的生殖器和性交合能力，特別強調女性強烈的反應和貪得無厭的性飢渴。這些其實都表現的是大多數男人的心理。這些是男人的誤解，但是男作者可以從寫作中獲得性心理滿足，幾乎每個男顧客也是這樣。

過去十五年中，我們蒐集了很多性愛手抄本，但是由女人創作的、像男人那樣帶有性因素的手抄本只有3個。同樣，我們也蒐集很多大師和凡俗

人士的性愛繪畫，但是由女性創作的不超過6件。

那些女性創作的性愛文學作品和繪畫，大多數只是有一般的激情、情感和愛。無論是從男性還是從女性的角度上來看，這樣的作品不能帶來什麼特別的性反應。

牆頭亂畫

從古代起，人們就有在建築物的牆上、廁所的牆上等到處亂寫亂畫的習慣，這也算是一種文化。男性所創作的文字和圖畫，大部分都是關於性或明顯是提供性刺激的。相對而言，女性亂寫亂畫的現象較少，即使女性這樣做了，涉及到的性內容也比較少，並且也只有極少數是為自己或他人提供性刺激的。

我們考察了數百間廁所，蒐集數千個亂寫亂畫的實例，結果發現，女廁所的牆上中有50％的亂寫亂畫，但是在男廁所，這個比例是58％。女廁所牆上的文字和圖畫中，只有25％的具有性刺激含義，但是在男廁所中卻高達86％。這類東西有的是雜亂的語句，有的是圖畫，有的則是長篇大論。它們主要描繪的是：男女生殖器、同性間的和異性間的生殖器交合、口和生殖器的交合、肛門交合，還有很多可以激發多數男性性欲的文字。

相反地，25％的女廁所性文字描繪的卻是愛情、雙方的姓名；畫嘴唇、心；只有極少數是畫生殖器、性動作或性的髒話。

因為女性更尊敬道德戒律和社會輿論，所以她們較少在牆上亂寫亂畫，較少寫性文字和圖形。但是根據我們之前的資料，更可能的原因是這些東西對女性極少有或根本沒有性刺激的作用。男性在亂寫亂畫時可以獲得滿足，他覺得，會有成百上千的男性都會看到自己的創作，並且他認為

別的男性看了自己的作品後也能獲得性刺激，所以他自己也因此獲得更大的滿足。

特別值得人們注意的是：男廁所牆上對女性生殖器和其功能的描繪，少於對男性生殖器和其功能的描繪。一看之下，可能是因為創作者都是有同性性行為的男性，但是我們認為事實未必是這樣，這裡可能有兩個方面的原因。其一是，一些男性可能想把對男性解剖構造和其功能的興趣帶進自己的異性性行為中，所以才會寫畫男性生殖器及其功能；其二是，和有異性性行為的男性相比，有同性性行為的男性可能更容易透過這種作品產生性喚起，可能更想知道其他男性看到這種作品時會有什麼反應，所以他們更多地在廁所牆上亂寫亂畫。但是有異性性行為的男性卻很清楚地知道，女人不可能看到他寫畫的東西，所以他們不會像同性性行為者那樣想那樣做。

無論創作者是什麼樣的人，「廁所文化」都反映男女的性渴望。大多數「作品」都是描繪實際生活中很少見到的性活動，這表示男作者和男讀者都在表達著他們的渴望沒有得到的滿足。作品中形象地表達出在實際生活中他們喜歡什麼樣的性活動，但是在一切可能被人發現或認出的地方，大多數男性都不會公然表達他們的性興趣，只是在隔離的、隱蔽的地方他們才會表達。

討論性問題

相對於女性，男性更喜歡和別人討論性問題。對於怎麼知道自我刺激這回事，男女情況對照如下：

首次資訊來源	女（%）	男（%）
自我發現	57	28
看書或聽說	43	75
性經歷	12	極少
觀看別人	11	40
同性性行為	3	9

注：因為很多人是同時從兩種途徑得知的，所以上表中每列資料加起來的百分比超過了100%。

女性中有約57%的人是自我發現的，透過看書或聽說方式知道的比較少。有些女性甚至直到40歲才發現有自我刺激這回事，但是有較多的男性是透過聽說或觀看別人的方式發現的，只有28%的人是自己發現的。這說明，在青春期前後，男性討論性問題多於女性，並且較老甚至很老的男性還在談論性問題。

對於大多數男性來說，討論性問題也可以提供性刺激。他們在很小的時候就知道了很多性資訊，並且他們自己也盡可能地去尋求任何和性相關的資訊。青春期內的男性一旦知道什麼是自我刺激，幾乎全部馬上投入進去。但是女性在討論性問題的時候卻沒有這種反應，所以她們就沒有那麼積極地投入到其中。雖然有很多女性在童年甚至成年後也積極地討論生殖問題與性功能，但是她們一直沒有真正搞清楚自己討論的到底是什麼東西。按照她們的說法，她們對性「沒有興趣」。很多女性在知道自我刺激

的很多年後，才真正的嘗試。

聽施虐受虐故事後引起的性喚起

很多人聽到折磨、鞭打、懸吊、火燙或其他故意引起疼痛的事之後就會產生性喚起。當然，也有許多人為此感到不安，而且不認為這和性有關。當然我們也不能肯定的說這其中有多少性因素，這裡列出基本情況：

性反應程度	女性（%）	男性（%）
明確地、經常地	3	10
有時有一些	9	12
從來沒有過	88	78

男女的差異主要是因為施虐受虐故事引起幻想的多少，但是實際投入之後就不一樣了。

對被打做出的反應

我們很難肯定地說，一個人在肉體刺激造成傷害時會做出什麼樣的反應，並且其中多少是因為把性和施虐、受虐活動相聯繫，有多少是因為心理刺激，又有多少是因為臣服於性夥伴時所得到的心理滿足。我們也很難確定，在施虐、受虐活動中有多少生理心理反應只是情感上的，又有多少是出於性的。在異性親暱愛撫和性交合及同性性行為中，互相抓咬身體不同的部位是最常見的施虐和受虐動作，男女對照情況如下表所示：

性反應程度	女性（%）	男性（%）
明確地、經常地	26	26
有時有一些	29	24
從來沒有過	45	50

真的被打時產生性反應的男性，比聽到施虐受虐故事時產生性反應的男性數量多一倍；在女性中則是多3倍以上。這說明男性大都是同時具有生理和心理兩種反應能力，而女性卻大多只有生理反應能力。

戀物

女性的肉體可以讓幾乎所有的男性都產生性喚起。如果男性除了會被生殖器部位喚起，還會被女性的頭髮、腳、手指等喚起，那麼就稱這種現象為「戀物」。但這些反應是由心理上的伴隨前提來決定的。我們無法清楚地區別「戀」女性生殖器的男人和「戀」女人腳的男人，因為事實上這些性反應是一樣的，不能籠統的稱它們為「戀物」。

如果一個人性反應的對象是衣服、鞋之類的東西，而不是對方的肉體時，那麼問題可能更複雜一些，但也仍然是由這個人的心理前提決定的。並非完全沒有人只對性夥伴或和她經歷的性活動之外的東西起反應。有些情況更加常見，例如當那些物品暗含著施虐、受虐活動，或者和一個人之前的性經歷相聯繫時。

戀物現象在女性中極為罕見，事實上我們只發現2例或3例，這種現象幾乎是男性獨有的，女性一般不會對性夥伴之外的客體做出反應。但是男性的性經驗，或者和這些經驗有關係的東西更容易限制他們。

易裝

易裝不僅表示喜歡穿異性的服裝，也表示想要在社會組織中作為一個異性而存在，缺少任何一個因素都不可以稱之為「易裝癖者」。

真正使人易裝的原因有很多，也很複雜，有很多的表現形式，甚至連時間長短和什麼時候出現也很不一樣。有些人只是在特定的時間與特定的

情況下才表現出易裝傾向。

易裝現象有時是由該人對異性的吸引力有多大來決定的。例如有個特別吸引女性的男人，就會希望和她們化成一體，但是事實上他和她們還是異性性關係。

易裝現象有時是因為這個人對自己的同性的一種反抗。有時候因為這樣他會更受女人歡迎，他也會更加愛女人，導致其不願意和她們發生異性性行為。這樣的結果是因為他不想讓男人阻礙自己和女人的這種特定關係，所以他不再和同性者有任何社會接觸。

還有一種情況，有些同性性行為者希望透過易裝來吸引那些不敢投入同性性行為的男性，所以表現出易裝現象。

有些時候戀物也會引起易裝現象。無論這個人之前是異性還是同性性行為，都可能從戀物變化到易裝。

有些精神分析學者持有一種錯誤的看法，他們認為所有易裝者都是「同性戀者」。其實這兩種現象完全沒有關係，同時具有兩種現象的人更加少。有時候有些易裝者為了解除自己的心理衝突，面對醫生時就爽快地承認自己是「同性戀者」。

雖然我們沒有足夠的資料，但是確實有幾個生理上的女性希望變成男性，有將近一百多名生理上的男性希望變成女性。有些女性在多種場合都穿著男人的衣服，但是她們並不是想變成男人，所以有必要進一步深入探討女性想變成男性的原因。

性活動的間斷現象

女性的一切性行為，甚至包括性釋放總量，都可以有間斷，有時候會間斷數月、數年；但之後又會有一個高頻期。男性在具體性行為上可能有間斷，但是釋放總量不會有間斷。

男女對心理刺激的反應方式有很大不同。我們前面已經說過很多種心理刺激，男性在年輕的時候可以一週甚至一天內有很多次勃起，並且不達到高潮就會心煩意亂。但是女性的心理刺激比較少，所以情況相反。夫妻互相不瞭解這些方面會引起很多婚姻困難。如果我們不瞭解男女的性心理差異，那麼我們將在很多事情上面一事無成，例如制訂性法律、評價人們的非婚性釋放、考慮獄中人的性需求，或者解決其他社會問題。

多配偶傾向

世界上任何一個民族的情況都大體相似：男性喜歡多配偶，女性則喜歡專一。所以，女性認為自己有責任把丈夫留在家裡，進而他對性關係的後果負責，她也更喜歡自己的性行為被道德原則支配，但是事實上這是因為女性很少被多配偶的念頭喚起。

因為男性具有女性所沒有的心理能力，所以他喜歡多配偶。他希望新經歷、新性夥伴、新關係中可能會出現新的滿足水準，會有使用新技巧的新機會；一想到這些他就會被喚起。但是女性一般不是這樣。男性每找到一個新對象，他都能很快地得到滿足，也能在滿足後棄舊圖新，去追求和獵獲下一個更新的對象，這也是他們多配偶傾向的一個原因。無論是在異性還是同性性關係中，他們都能這樣。

一直有人認為，男性的性喚起能力和什麼類型的女人無關，和一個殘

疾、呆傻或醜女，甚至和一個低級妓女都可以進行性交合，並且是一樣的性喚起能力；但是女性首先想要的是一個滿意的性關係，然後才性交合。這說明相對於男性，女性更依賴心理因素。但是事實正好相反，男性主要依靠心理刺激和心理前提就可以對任何一個女人產生性反應，並不是依靠肉體刺激或者當時的心理刺激。只要能夠引起他的心理反應，很多男性並不關心唾手可得的性夥伴，而是關心可以進行性交合的其他女孩，還有他將來可能進行性交合的女性整體。

婚姻中性因素的影響

根據我們的調查資料，一般女性結婚都是為了組建一個家庭，想和一個配偶建立長期的情感關係、生養孩子。對於一些女性來說，這或許是她一生的首要任務。大部分男性可能會承認，這些都是婚姻的重要目標。但是如果不能確信婚後可以有規律地和妻子進行性交合，那麼估計不會有幾個男人想結婚的。雖然男人可能會接受一個並不包括女性所嚮往的目標的婚姻，但是如果婚姻滿足不了男性的性需求，那麼他往往會比女性更積極地準備解除這種關係。

認為男女對婚姻態度的不同是因為兩性內在道德的差異的說法有點太簡單化了，只要女性承擔著養育人類後代的責任來解釋也是不夠的。婚姻態度的差異主要是因為：男性對規律的和高頻的性釋放的需求比女性強烈得多。

影響性模式的社會因素

我們在《男性性行為》一書中的結論是：社會因素在決定男性性行為模式的各種因素中，是非常重要的。在這本書中，我們卻發現，社會因素

在決定女性性行為模式的諸多因素中，卻沒有很重要。

　　舉個例子來說，受教育程度對男性性行為的模式有明顯的影響。在婚前性釋放中，大學教育程度的男性主要靠自我刺激，很少有性交合，但是對於國中和高中未畢業男性，自我刺激的比例只是大學的一半，婚前性交合的比例卻5倍於大學。同樣地，一般很多方面的具體情況都和該男性所處的社會群體的性行為模式有關，例如：接吻習慣、口和生殖器接觸、用手摩擦乳房、用手摩擦生殖器、性交合體位、非性活動中的裸體、性交合中裸體或近乎裸體，以及男性性行為中的許多其他方面。我們強調過，並不是男孩們在國中高中學校裡學到的東西決定這些方面的差異，因為那些後來上大學或沒上大學的男性，在十幾歲的時候都在同樣的中學裡學過同樣的課程。我們還強調過，男性生長於其中的或後來進入其中的社會階層的性態度是決定男性性行為模式差異的主要因素。意思就是，他的受教育程度決定他生長於或以後要進入的社會階層，這個階層的性態度又決定他心理上的制約前提。

　　相反，女性性活動的大多數方面，受她的教育程度的影響都很小，或者根本沒有影響。女性的受教育程度對婚前親暱、婚前性交合和婚外性交合、性釋放總量的發生率和頻率有一些影響，但是事實上這是因為受教育程度不同導致這些女性的結婚年齡不同。如果按照同時結婚的女性來看，那麼不同受教育程度者基本上沒有什麼不同。也就是說，女性生活於其中的社會階層的性態度，對該女性心裡前提的制約作用，小於對男性的。

　　青春期開始的早晚和出身於城市還是農村，對女性性行為模式的影響小於在男性中的影響。

　　但是無論是男性還是女性，宗教信仰程度都發揮了很大的作用。表現

為虔誠的男女教徒很少進行某些類型的性活動。所以，在幾乎一切類型的性活動方面，除了婚內性交合，虔誠男女教徒的發生率和頻率都很低，但是消極男女教徒卻很高。

不過，虔誠男教徒很少進行道德上無法接受的性活動；但是虔誠女教徒進行這種活動的發生率和頻率，卻和消極女教徒基本一樣。女虔誠者和女消極者在自我刺激、婚前性交合、婚前親暱、性夢所達高潮、同性性接觸等方面都差不多。意思就是，宗教可以在男女投入某些類型的性活動之前發揮阻止或延遲的作用，但是一旦女性投入到這種性活動，宗教對她就沒什麼影響了。

小結

在前面，我們比較了男女性心理的33個方面，證明和女性相比，男性受到性經歷的限定會更多一些，但是女性受那些心理因素的影響則較少。

在所有33個方面中，只有三個方面的心理因素，看性愛電影、讀浪漫文學作品和被抓咬，對男性的影響小於對女性，或者和對女性的相等。在剩餘的29個方面，心理因素對男性的影響，都大於對女性的影響；其中有一些差距並沒有很大，但是也有12個方面，男性被喚起的人數的比例，是女性中的一倍。

然而，女性的個體差異很大，可能有三分之一左右的女性，心理刺激對她們的影響程度和一般男性一樣。還有極端情況，2～3%的女性，心理刺激對她們的影響比任何一個男人都多、都強。她們對心理刺激的反應更直接，反應更經常，所以也會更多更經常地因此而達到性高潮。少數女性在心理刺激下總是可以達到性高潮，但是男性中這種現象卻很少。

人們對這種差異有很多解釋。有人說，這是因為男女軀體表面神經構造不同，分布區域不同，分布量也不同。也有人認為，這是因為在性交合中男女承擔著不同任務，扮演著不同角色。還有人認為是因為在生殖養育中男女的角色不同。還有人說，男女兩性的「性驅力」或「力比多」或內在的能力不同。有人則說，男女性高潮的生理基礎根本不一樣。

我們考察解剖構造和生理功能，證明男女的性反應並沒有不同。在

觸覺刺激下，男女產生性喚起的能力是一樣的，達到性高潮的能力也是一樣。只要有足夠的觸覺刺激，男女達到性高潮的速度也一樣。男女性高潮的性質，從性高潮中獲得生理和心理滿足的程度，都是一樣的。唯一的不同是，男性對心理刺激做出反應的能力強於女性。

　　如果我們想協調男女不同的興趣和能力，想讓婚內性生活和諧，想使社會觀念適應男女的這種差異，那麼我們就必須接受上面所有的事實。

海鴿 文化出版圖書有限公司
Seadove Publishing Company Ltd.

作者	阿爾弗雷德・金賽
譯者	葉盈如
美術構成	騾賴耙工作室
封面設計	斐類設計工作室
發行人	羅清維
企畫執行	林義傑、張緯倫
責任行政	陳淑貞

出版	海鴿文化出版圖書有限公司
出版登記	行政院新聞局局版北市業字第780號
發行部	台北市信義區林口街54-4號1樓
電話	02-27273008
傳真	02-27270603
e - mail	seadove.book@msa.hinet.net

總經銷	創智文化有限公司
住址	新北市土城區忠承路89號6樓
電話	02-22683489
傳真	02-22696560
網址	www.booknews.com.tw

香港總經銷	和平圖書有限公司
住址	香港柴灣嘉業街12號百樂門大廈17樓
電話	（852）2804-6687
傳真	（852）2804-6409

CVS總代理	美璟文化有限公司
電話	02-27239968 e - mail：net@uth.com.tw

出版日期	2021年11月01日　一版一刷

定價	360元
郵政劃撥	18989626戶名：海鴿文化出版圖書有限公司

國家圖書館出版品預行編目資料

金賽性學報告：女性性行為篇／阿爾弗雷德.金賽作；
葉盈如譯--一版,--臺北市 ： 海鴿文化，2021.11
面 ； 公分. －－（青春講義；126）
ISBN 978-986-392-395-4（平裝）

1. 性知識

429.1　　　　　　　　　　　　　　110016195

青春講義 126

Alfred Charles Kinsey
金賽性學報告
〈女性性行為篇〉